一流本科专业建设教材·艺术与科技

三维游戏
美术设计

徐力　刘第秋　师佳雯　｜著

U0240739

西南大学出版社
国家一级出版社　全国百佳图书出版单位

图书在版编目（CIP）数据

三维游戏美术设计 / 徐力, 刘第秋, 师佳雯著. --
重庆 : 西南大学出版社, 2024.5
ISBN 978-7-5697-2221-5

Ⅰ. ①三… Ⅱ. ①徐… ②刘… ③师… Ⅲ. ①游戏程
序—程序设计 Ⅳ. ①TP317.6

中国国家版本馆CIP数据核字(2024)第066497号

一流本科专业建设教材·艺术与科技

三维游戏美术设计
SANWEI YOUXI MEISHU SHEJI

徐力 刘第秋 师佳雯 著

总 策 划： 龚明星　王玉菊
执行策划： 戴永曦　鲁妍妍
责任编辑： 戴永曦
责任校对： 王玉菊
封面设计： 闰江文化
排　　版： 张　艳
出版发行： 西南大学出版社（原西南师范大学出版社）
地　　址： 重庆市北碚区天生路2号
网上书店： https://xnsfdxcbs.tmall.com
印　　刷： 重庆新金雅迪艺术印刷有限公司
成品尺寸： 210 mm × 285 mm
印　　张： 9
字　　数： 318千字
版　　次： 2024年5月 第1版
印　　次： 2024年5月 第1次印刷
书　　号： ISBN 978-7-5697-2221-5
定　　价： 69.00元

本书如有印装质量问题，请与我社市场营销部联系更换。

市场营销部电话：（023）68868624 68253705

西南大学出版社美术分社欢迎赐稿。

美术分社电话：（023）68254657

一

前言

  本书是一本全面而实用的书籍，旨在引导读者深入了解三维游戏美术设计与制作的基本流程。本书内容丰富、结构清晰，适合作为高校教材及游戏动漫爱好者的参考用书。

  笔者结合多年的游戏美术制作和教学经验，从初学者的需求视角出发编写此书，力求帮助读者掌握三维游戏美术设计各项技术的基础与进阶知识。本书不仅介绍了美术基础和软件工具的使用技巧，还通过典型案例的分析与实践练习，帮助读者逐步掌握基本的三维游戏美术设计核心技能。本书详细阐述了三维游戏美术制作的过程，从工具的认识和使用到美术基础知识的讲解，再到游戏美术的具体制作，带领读者逐步了解游戏设计与制作的领域。其包含了多种风格游戏的制作方法和技巧，内容覆盖道具、场景、角色制作等多个方面，从基础的三维模型制作到先进的次世代技术，包括 Photoshop、3ds Max、BodyPaint 3D、ZBrush、Substance Painter 等软件的操作，让读者了解 3D 建模、UV 编辑、贴图绘制等关键技术。本书在每一个篇章最后都配备了针对性强的练习与思考题，让三维游戏美术制作的初学者能够通过练习与思考题快速地掌握本书内容，具备制作游戏武器道具、场景建筑、角色和动画的基本技能。

  在此，要特别感谢成都盛绘艺点文化传播有限公司对本书的鼎力支持，为本书提供了实际案例，帮助读者了解行业的真实情况与实际案例制作的难度。

  由于笔者学识有所局限，书中难免有疏漏或不当之处，希望同仁及广大读者批评指正，使本书不断修订与完善。

目录

一

二维码数字资源目录

序号	码号	资源内容	二维码所在章节	二维码所在页码
1	码1	原画分析建模	第七章	112
2	码2	ZB 高模雕刻	第七章	117
3	码3	3ds Max 石墨工具	第七章	120
4	码4	TopoGun 拓扑低模	第七章	122
5	码5	UV 编辑	第七章	124
6	码6	八猴贴图烘焙	第七章	126
7	码7	SP 贴图制作1	第七章	127
8	码8	SP 贴图制作2	第七章	132
9	码9	贴图导出与渲染	第七章	135
10	码10	素材参考资料	第七章	136

CHAPTER 1

一

第一章

游戏制作中的
美术基础

要点导入

游戏画面的优劣对一款游戏的成功与否有着至关重要的作用，要设计出精美的游戏画面就要求游戏美术设计人员必须具备扎实的美术基本功。对于游戏美术设计人员来讲，美术基本功包含素描、速写、色彩等方面的能力，它们对游戏美术制作有着极大的影响。

第一节 素描基础

一、素描

素描是一种以朴素的方式去描绘客观事物，通常以单色的笔触及点、线、面来塑造形体的方法。它是多种艺术的基础，如油画、版画、雕塑及平面设计，同时也是游戏草图设计的基础。

素描是一切造型的基础，绘画训练是技术训练，也是艺术训练。素描是艺术创作实践中的必经之路，因为良好的素描训练可以逐渐提高作画者的观察能力、想象能力及表现能力。素描对游戏美术来说尤为重要，游戏中的原画设计和模型制作都离不开光影和结构关系。（图1-1）

二、光影的表现

素描是光与影的表现，有了光周围世界的一切才具有现实意义。我们的眼睛能感知周围一切物体的存在，都是由于光的作用，光可以帮助我们感知形体从而塑造形体。

素描是借助于明暗去塑造形体的手段。在光照条件下，物体呈现

出的明暗变化是相对存在的，素描表现的是明暗层次的比较关系。物体在光的照射下会产生受光面、背光面和阴影等变化，这些变化通常能向人们暗示物体的三维属性，增加人们对形体结构和质感、量感、体积感、空间感的认识。光影明暗造型是借助丰富的明暗色调来表达物体的体积感、质感、空间感。明暗是光影的一种体现，有光则明、无光则暗；也可以说是一种固有色的体现，色浅则明、色深则暗。这两种解释是相对于单个物体而言的。画面中有多个物体时，明暗关系的处理原则为离光源近则明、远则暗。

任何东西的影像都是靠光的照射和反射形成的，要表现物体的立体效果就要把光与影的关系协调好。（图1-2）

图 1-1 游戏《魔兽世界》原画中素描的运用

图 1-2 吴兆铭素描作品

图 1-3 人的头部结构表现

图 1-4 素描大师丢勒的作品

三、构图与结构

将立体结构转换成平面结构，这种转换过程本质上是一个创造过程。

理解结构才能画好基础形体，才能理解空间。绘画结构是绘画创作过程中非常重要的部分，是集画面中所有形式语言与形态于一体的有机联系，是把握画面整体性的绘画本体支撑理论。要创作一幅好的作品，就要把握好结构。其实这是一个积极的理性思维过程，只有在形体和结构准确的前提下，才有研究光影、质感、明暗调子的可能性和必要性。结构观念的建立是通往创作成功道路的第一步。（图1-3）

四、素描的训练目的及要点

素描训练的目的不只是学习表现物象的技巧，更重要的是要学会正确观察和理解物象的造型特征，把握物象的本质结构和普遍的造型规律。

素描的训练，要求我们必须具备正确的观察方法和表现方法，只有在学习中自觉地按照这些方法去做，把新鲜的视觉感受与分析研究对象结合起来，抓住基本法则，通过长期反复的实践，才能较快地掌握造型的规律。（图1-4）

第二节 速写基础

一、速写

速写是指在较短时间里，用简练的笔法概括地描绘对象、记录生活的一种快速的写生方法。速写同素描一样，不仅是造型艺术的基础，也是一种独立的艺术形式，是培养形象记忆力与概括表现能力的一种重要手段。速写能有效地锻炼我们对生活的观察能力和对艺术的表现能力。（图1-5、图1-6）

二、速写的步骤

1. 构图

构图时我们先观察对象的特征，定好角度和主要形象的轮廓构图位置。为了集中反映主要形象，我们可以把某些次要形象省去不画，或在合理的范围之内在画面上改变它们的位置，使构图更加理想，主要形象更加突出。（图1-7）

2. 起稿

从整体出发，用长直线或长弧线确定基本形体，抓住基本形体比例关系及透视关系，简化辅助线，强调物体的组织和构成关系。（图1-8）

3. 刻画

在基本形体确定的基础上，从局部开始塑造形体，用准确、肯定的笔触进行描绘，将各个局部的结构关系用短直线表现出来。（图1-9）

4. 调整完成

在作画时我们应始终把握"整体—局部—整体"这一原则。整体形态出来后就可以进入局部刻画，局部肯定之后，再进行整体观察，该加强的加强，该削弱的削弱，重点刻画之处一定要细致入微。对一些小饰物的刻画不宜画得太重、太多，应根据需要将不重要的部分省略掉以免造成画面琐碎之感。（图1-10）

总之，在作画时应时时把握整体，从整体出发，不断调整、修改直至最后完成。

图 1-5 大师伦勃朗速写作品

图 1-6 唐·席格米勒速写作品

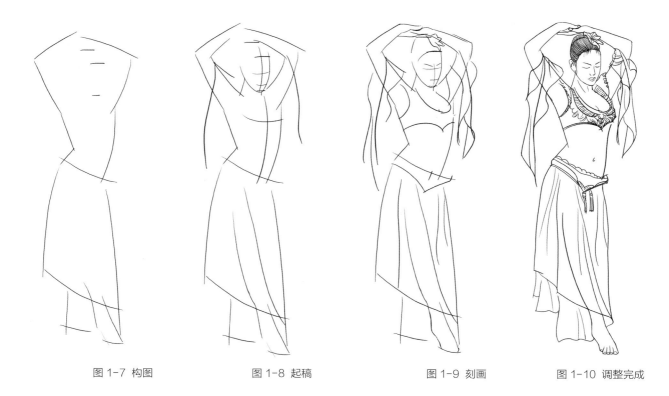

图 1-7 构图   图 1-8 起稿   图 1-9 刻画   图 1-10 调整完成

图 1-11 陈玉先作品 1

三、速写的表现技法

速写的表现方法很多，现在就最常见的两种方法作一下介绍。

1. 以线为主的速写

在表现物象的过程中，我们应从结构出发，将物象的形体转折、运动变化用概括简练的线条表现出来。速写应具备造型严谨、形态自然生动、线条运用得当、整体效果好等特点。其通过线的粗细、虚实变化来表达主次关系、空间关系。（图1-11）

2. 以线为主、线面结合的速写

以线为主、线面结合的速写表现形式能较好地发挥速写的特点，尤其是在较长时间的写生训练中。这是目前速写训练中常用的表现手法——对部分明暗交界线及暗部、衣纹处用调子来补充添加从而更细致地表现物体，其特点是层次丰富、表现力强。（图1-12）

四、速写线的运用

1. 线的穿插

表现好线与线之间的穿插与呼应关系，是画面富有节奏感的重要因素。线的穿插与呼应关系和透视关系对表现物象的空间感、层次感起着重要作用，不同方向线的组织穿插给人带来的空间感是不一样的。速写不同于线描，如果每一处的刻画都像线描一样，那么线与线之间的穿插、呼应便失去了节奏感和流畅感。

2. 线的取舍与提炼

速写训练中，基本形确定之后，对于线的处理应注意以下几点：（1）"衣纹线"忌平行，要有疏密对比，要体现结构；（2）"结构线"要准确，贴皮肤处要实一点；（3）"惯性线"不要画得太多、太重。

3. 线的对比

速写强调在形体比例、动态、透视等几方面准确的前提下，线条有对比关系。通常有这几种对比手法：线的曲直对比、线的浓淡对比、线的虚实对比、线的长短对比、线的疏密对比、线的粗细对比。

4. 关于结构

速写的目的在于培养学生正确的观察方法及严格的造型能力。写生者必须具备扎实的人体解剖知识，这样在写生中才能做到游刃有余。人体的内部结构是没有变化的，变化的只是人体运动时的动态、衣纹等。线的运用是为表现结构服务的。（图1-13）

五、观察与表现的作用

速写能培养我们敏锐的观察能力，使我们善于捕捉生活中美好的瞬间。

速写能培养我们的绘画概括能力，使我们能在短暂的时间内画出对象的特征。

速写能为创作收集大量素材，好的速写本身就是一幅完美的艺术品。

速写能提高我们对形象的记忆能力和默写能力。

速写能探索和培养具有独特个性的绘画风格。

经常练习速写，能使我们迅速掌握人体的基本结构，熟练地画出人物和各种动物的动态与神态，对创作构图的安排和情节内容的组织会有很大的帮助。

总之，只有持之以恒、坚持不懈地练习速写才能感受其内容的丰富性和表现的灵活性，还能为今后从事游戏美术创作和设计积累丰富的艺术素材。

图1-12 陈玉先作品2

图1-13 陈玉先作品3

第三节 色彩基础

一、色彩

当光线照射到物体，人眼看到后，视觉神经会产生刺激，让人感受到色彩的存在。（图1-14）

二、色彩的基本特性

有彩色系的颜色具有三个基本特性：色相、纯度（饱和度）、明度，在色彩学上也称为色彩的三大要素或色彩的三个属性。

1. 色相

色相是指能够比较确切地表示某种颜色色别的名称，如玫瑰红、橘黄、柠檬黄、钴蓝、群青、翠绿等。从光学物理上讲，色相是由射入人眼的光线的光谱成分所决定的。对于单色光来说，色相取决于该光线的波长；对于混合色光来说，取决于各种波长光线的相对量。物体的颜色是由光源的光谱成分和物体表面反射（或透射）的特性决定的。

2. 纯度（饱和度）

色彩的纯度是指色彩的鲜艳程度，它表示颜色中所含的色彩成分的比例。色彩成分的比例越大，色彩的纯度越高，反之色彩的纯度便越低。

纯度最高的色彩就是原色，纯度降低，原色就会变得暗淡的。一种颜色的纯度降到最低就会失去色相，变为无彩色。同一色相的色彩，不掺杂白色或者黑色，则被称为纯色。在纯色中加入不同明度的无彩色，会呈现出不同的纯度。以蓝色为例，向纯蓝色中加入一点白色，此时纯度下降明度上升，变为淡蓝色。继续加入白色，其颜色会越来越淡，纯度下降，明度会持续上升。加入黑色或灰色，则相应的纯度和明度都同时下降。

3. 明度

明度是指色彩的明亮程度，各种有色物体会由于其反射光量的区别而产生颜色的明暗强弱。色彩的明度分为两种情况。

一是同一色相的不同明度，如同一颜色在强光照射下会显得明亮，在弱光照射下会显得较灰暗、模糊；同一颜色加入黑色或加白色以后也能产生各种不同的明暗层次。

图 1-14 凡·高油画作品

二是不同色相的不同明度，每一种纯色都有与其相应的明度。黄色明度最高，蓝紫色明度最低，红、绿色明度居中。

色彩的明度变化往往会影响到纯度，如红色加入黑色以后明度降低了，同时纯度也降低了；如果红色加入白色则明度提高，纯度降低。

色相、纯度和明度这三个特性是不可分割的，我们在设计应用时必须同时考虑这三个因素。（图1-15）

三、色彩的规律

作画不能单凭感觉，还应懂得色彩规律，这样我们才能更好地识别和理解色彩，从而在写生和创作中将其运用自如。感觉只解决现象问题，理解才能够解决本质问题。

除了生理上的色盲患者以外，任何人都有感觉色彩的能力，我们要学会如何正确认识色彩，掌握色彩的变化规律，再通过实践运用到绘画中去。笔者认为"色彩是不可捉摸、不可认识的，是无规律可循的，掌握色彩要靠天赋"的说法是错误的。色彩有它自身的规律：其一是冷暖变化的规律，其二是强弱变化的规律。我们要训练自己善于发掘、善

于运用它的规律。我们要在实践中不断检验和修正感觉，培养一双"画家的眼睛"，这样才能看出自然物象的色彩关系，敏锐地观察出复杂细微的色彩变化。

有人认为，色彩知识在色彩写生技术课上附带讲讲就行了，这是轻视"色彩理论指导绘画实践的重要性"的表现。色彩理论知识的内容是丰富的，学习绘画就必须通过系统学习色彩知识、剖析色彩现象、理解色彩原理、掌握色彩变化规律，来训练自己用有限的颜料去表现无限丰富的色彩世界的能力。（图1-16）

四、色彩与绘画的关系

"色彩的感觉是美感最普及的形式"，美术工作者是离不开色彩这个"最普及的形式"的。一幅画作引人入胜的首先就是画面的色彩效果。中国画、油画、水彩画、水粉画、装饰画等绘画艺术，都涉及色彩因素。游戏美术大多都是在电脑上进行绘画，在色彩运用上，使用的工具和表现方法会较手绘有所不同，但色彩的规律是相同的。如果不研究色彩、不运用色彩，就难以创作出有艺术感染力的美术作品。所以，色彩作为一个重要的造型因素，在专业基础训

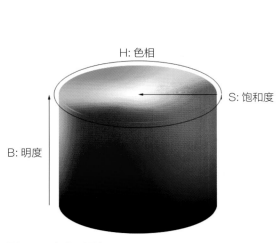

图 1-15 色彩三要素

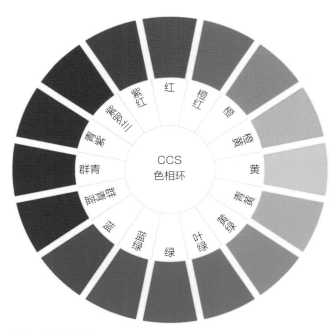

图 1-16 色相环

练、创作与游戏美术设计中是必不可少的。我们应该深刻理解色彩存在的艺术价值，同时重视对色彩规律的学习和研究。（图1-17）

五、色彩在绘画中的作用

色彩是绘画的重要艺术语言，也是一种重要的表现手段。在绘画中，色彩起着独特的作用。它在塑造人物、描绘景物时可以引人入胜，增强作品艺术效果。巧妙地运用色彩能增加美术作品的光彩，给人的印象也更深刻，塑造的艺术形象能够更鲜明地表现生活和反映现实，也就更富有吸引力和艺术感染力。我们经常看到，有的绘画作品虽然构图一般，但由于色彩处理得恰当，还是能吸引观众。与此相反，有的作品如果在构图、透视等方面都具有一定水平，但在色彩处理和运用上存在问题，这幅作品也就逊色了。

大千世界五彩缤纷，一切物体无不有着各自的色彩。在绘画艺术中，色彩是重要的艺术表现手段。在院校的美术教学体系中，色彩学向来是专业教学中举足轻重的一部分。色彩是画面结构的重要元素和表现手法，是诸多绘画形式中能够给予受众最快速有效、最具张力的视觉表现因素，也是构成绘画艺术基调和风格的基本形态。不同的画面色彩关系会引起受众不同的联想和情感变化，产生独特的艺术感染力。可以说，色彩是绘画艺术中的生命，有着不可忽视的重要意义和作用。（图1-18）

图 1-17 莫奈作品

图 1-18 游戏原画作品

六、游戏贴图案例欣赏

　　游戏贴图其实是在平面上绘制出物体的结构、体积和色彩关系，是三维游戏在美术制作中的一个重要环节。一款游戏的优劣很大程度上取决于游戏画面的优劣，优秀的游戏贴图能提升整个游戏画面的效果。作为一名优秀的贴图绘制人员，要能够详细地描绘出游戏场景中出现的所有物体的表面特征和细节，游戏贴图将弥补游戏模型因为面数的限制而在造型细节表现方面的不足。游戏贴图的绘制是游戏设计中最具挑战性的一个方面。在游戏贴图的绘制中，由于对结构和颜色有较高的要求，所以要求游戏美术工作者必须具有良好的美术基本功。（图1-19）

　　模型上的很多结构和细节都是通过贴图表现出来的，贴图的每个部分都要表现得清楚、准确，比如金属的质感和厚重感、布的褶皱纹理、皮肤的半透明质感等。写实风格的贴图不仅色调要接近真实的效果，还要叠加一些真实的纹理以达到非常逼真的效果。卡通风格的贴图，其色调和结构都比较夸张。

　　网络游戏贴图的绘制通常需要模拟引擎的光源来画出基本的明暗和阴影关系，特别是细节部分。

　　根据游戏贴图项目的要求，游戏贴图的大小有一定限制，我们要在有限的空间里尽可能好地表现贴图，以提高其质量。

　　图1-20是游戏《魔兽世界》场景的模型，其面数相当低，贴图尺寸也很小，但细节非常丰富。

1. 写实风格贴图

　　游戏《剑侠情缘》角色的贴图效果如图1-21。

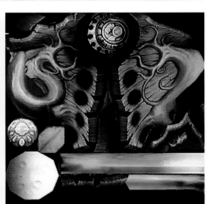

图 1-19 游戏《魔兽世界》的贴图作品

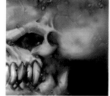 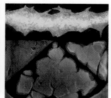 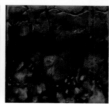 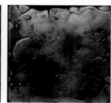 

图 1-20 游戏《魔兽世界》场景

图 1-21 游戏《剑侠情缘》角色的贴图

图 1-22 网游《口袋西游》角色的贴图

2. 卡通风格贴图

网游《口袋西游》角色的贴图效果如图1-22。

本章小结

美术基础是三维游戏美术设计的必备条件，对学生的造型能力、设计能力、审美水平的培养都起着非常重要的作用。三维游戏美术设计师的工作是通过建立模型、绘制贴图，把游戏中各种角色、道具、场景都逐一制作出来。一个没有美术基础的人很难制作出比例协调的模型，很难绘制出细节丰富的贴图，游戏公司对美术设计师的基本要求就是要具有扎实的美术基础。打好扎实的美术基本功，并不是一件轻松的事情，需要不断地探索和实践，反复思考，反复练习。对于有志投身于游戏美术这一行的人来说，先沉下心来踏踏实实地打好美术基础，就是迈向游戏行业的第一步。

练习与思考

1.美术基础对于游戏制作有什么重要性？

2.游戏贴图的绘制要遵循什么原理？

3.怎样通过贴图来表现模型的结构和细节？

CHAPTER 2

一

第二章

游戏美术软件基础

要点导入

三维游戏美术制作除了需要美术设计师具有良好的绘画基础与美术功底之外，还需要美术设计师熟练掌握Photoshop、3ds Max、BodyPaint 3D、ZBrush、Substance Painter等一系列软件。这些软件的熟练运用是游戏美术制作的基本要求。

第一节 3ds Max 软件基础

一、3ds Max 简介

3D Studio Max常简称为3ds Max或3D Max，是Autodesk公司开发的一款基于PC系统的3D建模渲染和制作软件。3ds Max是一款功能强大、操作灵活的3D建模渲染和制作软件，无论是专业设计师还是初学者，都可以通过它实现各种复杂的3D模型设计和制作需求。3ds Max广泛应用于游戏开发、影视后期制作、建筑设计、工业设计、虚拟现实和增强现实等领域，还可用于广告设计、艺术设计等创意产业。在游戏开发中，它可以用于创建游戏场景、角色、道具和特效等；在影视后期制作中，它可以用于特效设计、场景构建和动画创作；在建筑设计领域，它可用于创建建筑原型、室内外环境模型和空间布局的三维模拟、渲染和演示，等等。（图2-1、图2-2）

图 2-1 3ds Max 启动界面

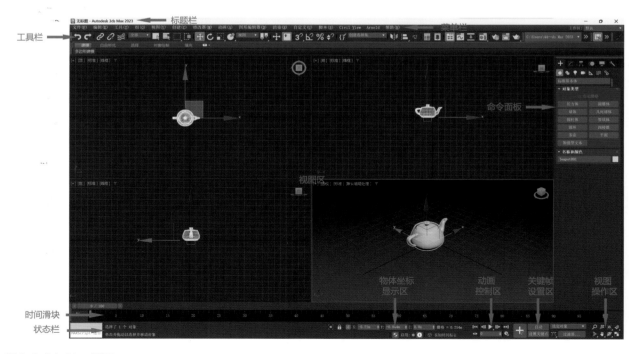

图 2-2 3ds Max 界面

二、3ds Max 在游戏美术设计中的基本运用

3ds Max在游戏美术设计中扮演着至关重要的角色。这款强大的三维建模和动画软件为游戏开发者提供了丰富的工具和功能，帮助他们创建出精美且逼真的游戏场景、角色和特效。它为游戏设计师提供了强大的工具和功能，以创建高质量的三维游戏资产。它不仅提供了高效的三维建模和动画制作工具，还通过UV贴图和特效制作等功能，帮助设计师创造出高质量的游戏美术作品。掌握3ds Max的操作，对于游戏设计师来说，是实现创意和提升专业技能的重要途径。

第二节 3ds Max 建模基础

一、二维图形的创建和编辑

二维建模是在二维图形的基础上增加一些命令从而生成三维模型。要进行二维建模，就要掌握二维图形的创建和编辑技能。二维图形可创建线、圆、弧、多边形、文本、截面、矩形、椭圆、圆环、星形、螺旋线图形。二维图形的创建是通过图形创建面板来完成的，如图2-3。

我们来介绍一下线的创建（图2-4），其方法如下：

（1）通过单击和拖动鼠标改变线上点的类型。

（2）按键盘上的<Shift>键，并移动鼠标可以绘制水平或垂直的线，返回键可重新绘制点。

（3）单击鼠标右键完成当前线的绘制，接着进入下一条线的绘制，需要结束对线的创建则单击鼠标右键。

注意：勾选"开始新图形"复选框，创建的图形就是独立的新的图形。不勾选"开始新图形"复选框，创建的二维图形就会成为当前创建的二维图形的一部分。

二、二维图形中线的类型

在3ds Max里，线是可控的曲线，由顶点、线段、样条线三部分组成，它通过数学公式计算生成。

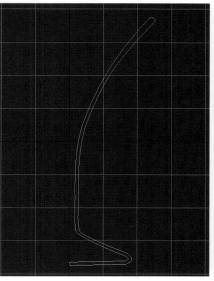

图2-3 二维图形面板

图2-4 线的创建

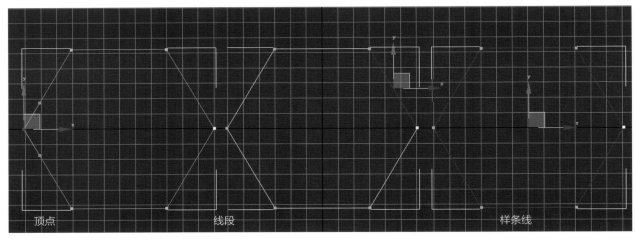

图 2-5 线的类型

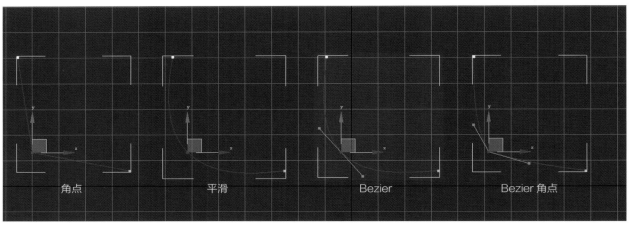

图 2-6 顶点的类型

在设计中线的点、线段及Z线的空间位置不同，可得到不同的模拟效果，从而最终达成设计的效果。（图2-5）

三、顶点的类型

顶点的类型可分为角点、平滑、Bezier、Bezier角点四种类型，我们可根据不同的需要对顶点进行编辑，如图2-6。

四、二维图形的共有属性

在默认情况下，二维图形不能被渲染，勾选"在渲染中启用"才可以把二维图形渲染出来。"阈值"决定样条线的直线段数。"步数"决定在线段的两个节点之间插入的中间点数，参数的取值范围是0至100，数值越大，插入的中间点就越多。（图2-7）

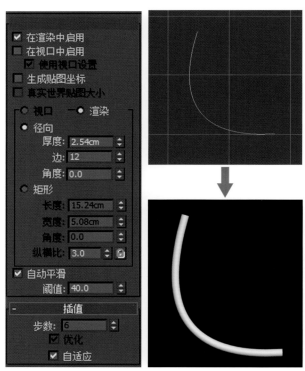

图 2-7 二维图形的属性

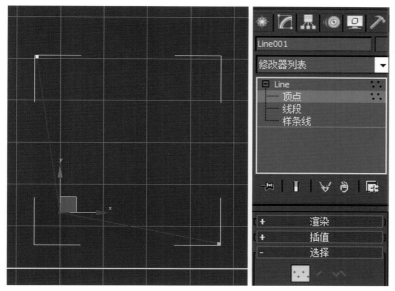

图 2-8 线的编辑

五、编辑样条线修改器

线可以直接通过顶点、线段、样条线进行编辑，如图2-8。

除了线以外，其他二维图形都需要转换成"可编辑样条线"才能进行编辑，如图2-9。

六、应用于样条线的修改器

1. 挤出修改器

挤出修改器用于：沿着二维对象的局部坐标系的Z轴给二维图形增加一个厚度，还可以沿着拉伸方向给二维图形指定段数。如果二维图形是封闭的，可以指定拉伸的对象是否有顶面和底面。

（1）创建一个星形，将半径1设为50cm，半径2设为25cm，如图2-10。

（2）增加挤出修改器，将数量设置为20cm，如图2-11。

图 2-9 其他二维图形的编辑

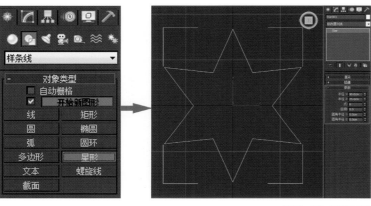

图 2-10 创建星形

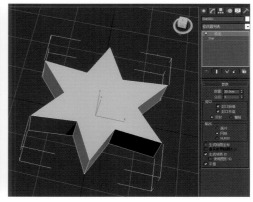

图 2-11 设置数值

2. 车削修改器

车削修改器是绕着指定的轴旋转二维图形，使二维图形转变为三维图形的一种成型工具。它常用来建立诸如高脚杯、盘子和花瓶等模型。旋转的角度为0°至360°。

（1）用二维图形"线"创建高脚杯截面图形，如图2-12。

（2）增加车削修改器，让高脚杯截面图形绕轴旋转，生成高脚杯模型，如图2-13。

（3）将旋转度数设置为240，如图2-14。

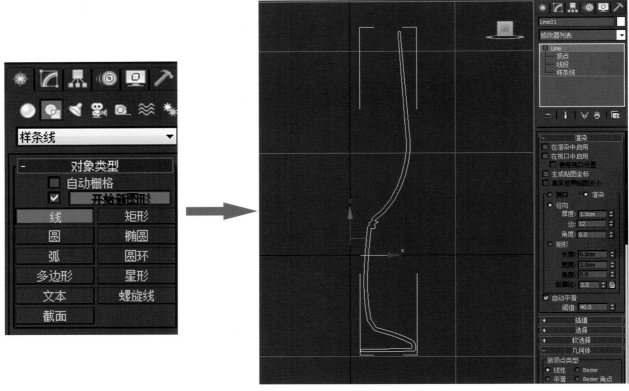

图2-12 创建高脚杯截面图形

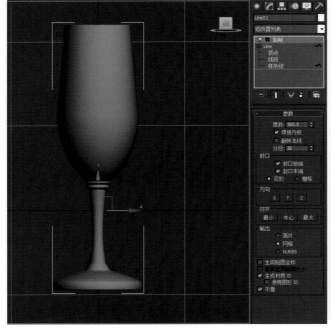

图2-13 生成高脚杯模型

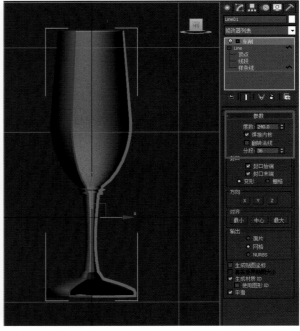

图2-14 设置旋转度数

3. 倒角修改器

倒角修改器与挤出修改器类似，但又比挤出修改器的功能更强一些。它除了可以沿着对象的局部坐标系的Z轴旋转对象外，还可以分3个层次调整截面的大小，创建诸如倒角一类的效果。

（1）在二维图形"文本"里输入黑体字母"MAX"，创建二维图形"MAX"，如图2-15。

（2）增加倒角修改器，将倒角值级别1的高度设置为10cm，轮廓为0cm；将级别2的高度设置为2cm，轮廓设置为-0.5cm；将级别3的高度设置为2cm，轮廓设置为-1cm，如图2-16。

4. 倒角剖面修改器

倒角剖面修改器的作用类似于倒角修改器，但是比前者的功能更强大些，它是用一个称之为侧面的二维图形来定义截面大小的，因此三维图形的变化会更为丰富。

（1）创建一个矩形，将长度设置为80cm，宽度设置为50cm，再用二维图形"线"创建一个截面，如图2-17。

（2）选择矩形，增加"倒角剖面"命令，选择"拾取剖面"后点击创建的截面来生成模型，如图2-18。

七、归纳总结

二维图形是由一条或多条线组成的。线最基本的元素是顶点。在线上相邻两个顶点中间的部分是线段。我们可以通过改变顶点的类型来控制曲线的光滑度。

所有二维图形都有相同的渲染和插值卷展栏。如果二维图形被设置成可渲染的，就能指定它的厚度和网格密度。插值用来设置控制渲染结果的近似程度，线工具用来创建一般的二维图形，其他标准的二维图形工具用来创建参数化的二维图形。

二维图形的次对象包括顶点、线段和样条线。要访问线的次对象需要选择修改面板，要访问参数化的二维图形的次对象需要应用编辑样条线修改器，或者将它转换成可编辑样条线。

应用一些如挤出、车削、倒角、倒角剖面等编辑修改器，可将二维图形转换成三维几何体。

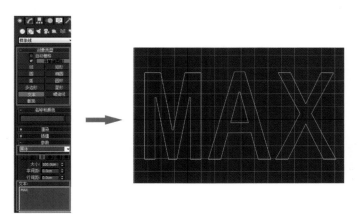

图 2-15 创建二维图形

图 2-16 设置 3 个级别的数值

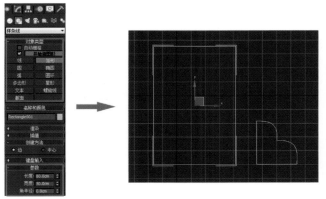

图 2-17 创建矩形与截面

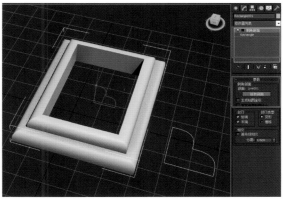

图 2-18 生成 3D 模型

第三节 创建三维图形和编辑多边形

3ds Max中，所有原始模型的创建都在创建面板里，如图2-19、图2-20所示。

一、三维图形的创建

1. 可编辑多边形修改器

多边形建模是由点构成边、由边构成多边形，再通过多边形组合来制作成用户要求的造型。编辑多边形修改器提供选定对象的不同子对象层级的编辑工具：节点、边界、边界环、多边形面、元素。

一个物体是由点、面、多边形、元素等组成，通过编辑多边形对模型的点、线、面进行编辑，从而绘制出我们所需要的造型，如图2-21。

2. 可编辑多边形

编辑多边形是指通过模型的顶点、边、边界、多边形、元素对模型进行编辑，如图2-22、图2-23。

按顶点：按顶点选择（在边、边界、多边形层级下激活）。比如在边的层级下，把"按顶点"勾选上，然后点击红线中的点，如图2-24。

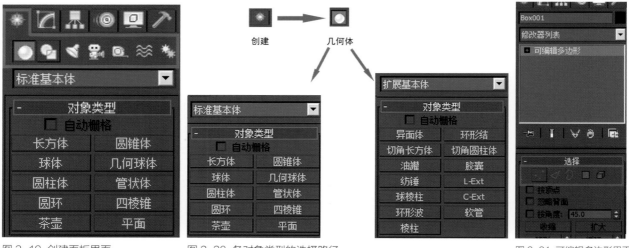

图 2-19 创建面板界面　　图 2-20 各对象类型的选择路径　　图 2-21 可编辑多边形界面

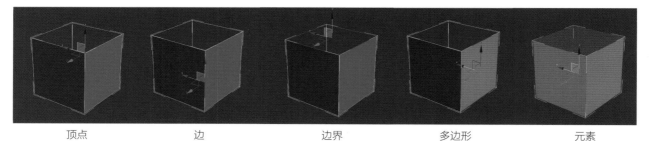

顶点　　　　　边　　　　　边界　　　　　多边形　　　　　元素

图 2-22 编辑多边形的 5 个要素

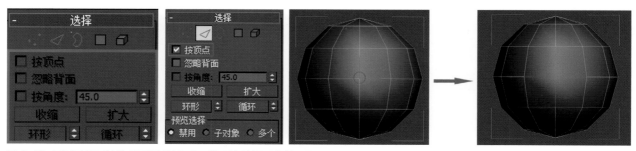

图 2-23 不同层级下的选项面板　图 2-24 按顶点选择后的效果图

忽略背面：忽略背面的选择。

按角度：按角度选择（在多边形层级下激活），选中呈一定角度的所有面。

收缩/扩大：缩小选择，扩大选择。在元素层级下点击缩小或扩大时，会同时选择减少或增加与其相连的一圈元素，如图2-25。

环形/循环：在边和边界层级下激活。当在线层级下选择一条边或一部分边后，按下"环形"可选择和它循环的所有边，按下右边的小箭头可以选择下一个与其循环的边。循环的原理和环形一样，只是所选择的边是与原边连接的。（图2-26）

软选择（图2-27）：勾选"使用软选择"，然后选择一个点就会出现向上移动的效果。如图2-28，红色区域为选择的点，然后影响值从黄色到蓝色渐弱，通过衰减、收缩和膨胀的数值大小来调整影响的点的范围。

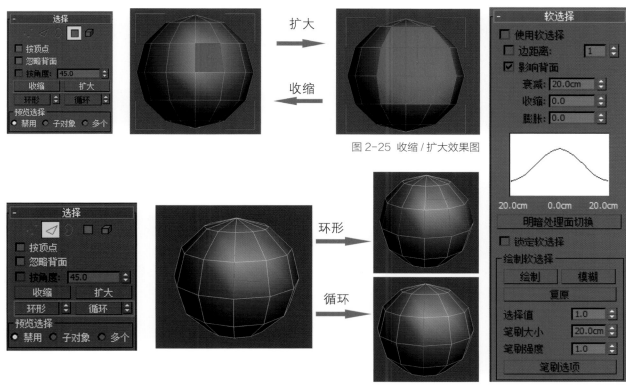

图 2-25 收缩 / 扩大效果图

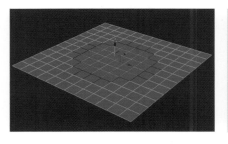

图 2-26 环形 / 循环效果图

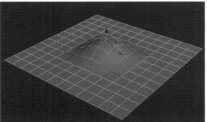

图 2-27 软选择界面

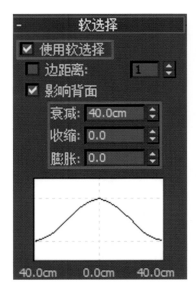

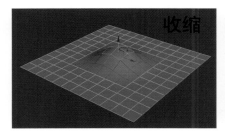

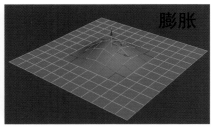

图 2-28 软选择效果图

二、常用编辑命令

1. 常用快捷键

数字键1、2、3、4、5分别代表顶点、边、边界、多边形、元素，<Alt+L>组合键代表环形，<Alt+R>组合键代表循环。

2. 挤出（快捷键：<Shift+E>组合键）

在多边形层级下，选择多边形按"挤出"命令，挤出方式可以选择按组、局部法线和多边形。挤出顶点时，顶点会沿法线方向移动，并且创建新的多边形，形成挤出的面。挤出对象的面的数目与原来的数目一样。（图2-29）

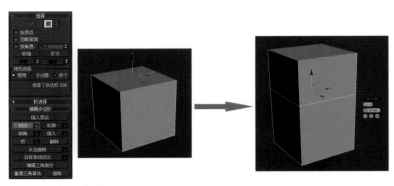

图2-29 "挤出"命令

3. 倒角（快捷键：<Shift+Ctrl+B>组合键）

在多边形层级下，选择多边形"倒角"命令，倒角方式可以选择按组、局部法线和多边形。倒角方式为多边形时，这些多边形将会沿着法线方向移动，然后创建新的多边形，同时向外（正值）或向内（负值）进行倒角，可以指定拉伸的距离和面的轮廓大小。（图2-30）

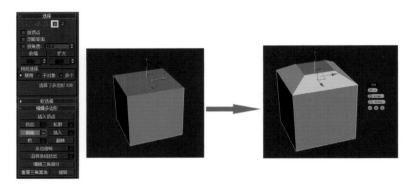

图2-30 "倒角"命令

4. 插入

在多边形层级下，选择多边形"插入"命令，插入方式可以选择按组和多边形。"插入"是执行没有高度的倒角操作，即在选定的多边形平面内执行的操作，可以增加新的面轮廓。（图2-31）

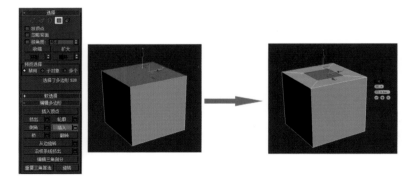

图2-31 "插入"命令

5. 桥接

在多边形层级下，选择两个面，然后点击"桥"命令，就能把选择的两个面桥接到一起了。（图2-32）

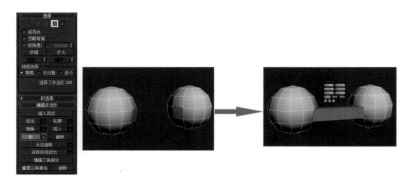

图2-32 "桥"命令

6. 沿样条线挤出

在多边形层级下，选择多边形的面，点击"沿样条线挤出"命令，再拾取创建的样条线，就会沿样条线生成新的模型。（图2-33）

7. 封口（快捷键：<Alt+P> 组合键）

在边界层级下，选择多边形的边界，再点击"封口"命令，可对边界进行面的闭合操作。（图2-34）

8. 切割（快捷键：<Ctrl+C> 组合键）

"切割"命令允许在多边形表面创建任意边。在顶点层级下，选择"切割"命令，单击多边形的任意一点来确定起点，然后移动鼠标，再次单击和移动，这样就在多边形的表面创建了一条边。（图2-35）

9. 切角（快捷键：<Shift+Ctrl+C> 组合键）

在顶点层级下，选择多边形的点，再点击"切角"命令，使多边形生成新的四边形。可通过数值设置指定切角的距离。（图2-36）

10. 断开

在顶点层级下，选择多边形的点，再点击"断开"命令，使选择的点分离。（图2-37）

11. 焊接（快捷键：<Shift+Crtl+W> 组合键）

在顶点层级下，选择多边形断开的点，再点击"焊接"命令，使分点合并。焊接命令受焊接数值的影响，当选定的顶点在此数值范围内时它们将焊接为一个顶点，所有使用该点的边都会与焊接产生的单个顶点连接。（图2-38）

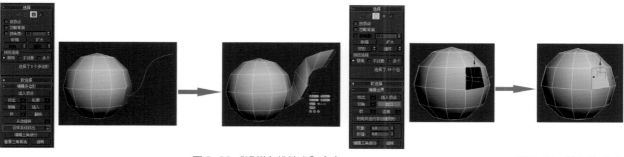

图 2-33 "沿样条线挤出"命令　　　　　　　　图 2-34 "封口"命令

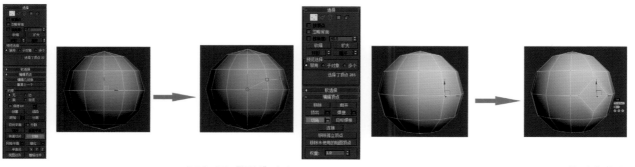

图 2-35 "切割"命令　　　　　　　　图 2-36 "切角"命令

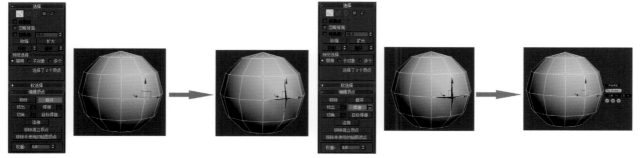

图 2-37 "断开"命令　　　　　　　　图 2-38 "焊接"命令

12. 移除（快捷键：<Ctrl+ 退格 > 组合键）

在顶点层级下，选择多边形的点，点击"移除"命令，删除选定的顶点，并组合这个顶点所在的多边形。"移除"命令可以直接去除某个顶点而保留它所在的面。（图2-39）

13. 连接（快捷键：<Shift+Ctrl+E> 组合键）

在边层级下，选择两条边后点击"连接"命令，可以通过分段、收缩，以及滑块设置边的数量和距离。"连接"命令可以在选定边之间创建新的边，但只能连接同一多边形上的边。该操作不会让新的边交叉。（图2-40）

第四节 Photoshop 软件基础及应用

一、Photoshop 简介

Photoshop，简称"PS"，是由Adobe公司开发和发行的一款图像处理软件，它不仅功能强大，而且操作灵活，适合各种水平的用户，从专业设计师到普通用户都能通过它实现各种图像处理和创作的需求。该软件广泛应用于平面设计、摄影后期处理、网页设计、UI设计、插画绘制以及三维贴图制作等多个领域。Photoshop拥有强大的图像编辑功能，包括但不限于图像裁剪、色彩调整、滤镜应用以及图层管理等。通过其丰富的工具集，用户可以轻松地对图像进行修复、增强和创意处理。无论是去除照片中的瑕疵、调整图像的色彩平衡，还是应用各种艺术效果，Photoshop都能帮助用户轻松实现。（图2-41、图2-42）

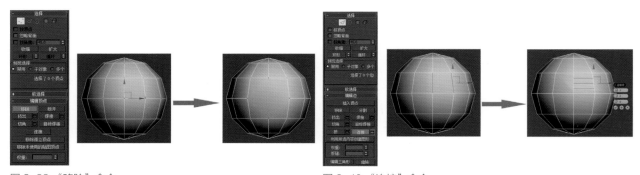

图 2-39 "移除"命令　　　　　　　图 2-40 "连接"命令

图 2-41 Photoshop CC 启动界面

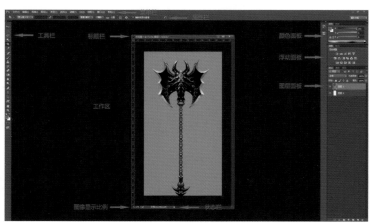

图 2-42 Photoshop CC 界面

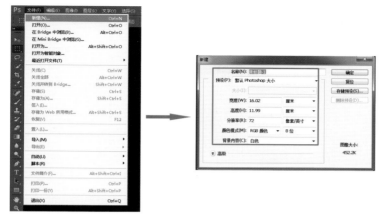

图 2-43 "新建"命令

二、Photoshop 在游戏中的运用

Photoshop不仅在平面设计领域占据重要地位，同时在游戏美术设计中也发挥着至关重要的作用。无论是制作游戏界面、贴图，还是设计宣传海报和原画，Photoshop都能以其强大的功能和灵活性满足设计师的需求。在三维游戏美术制作中，Photoshop主要运用于贴图绘制和图像处理。设计师可以利用Photoshop的绘图工具绘制出精细的贴图纹理，并通过图像处理功能对贴图进行优化和调整，使其更符合三维模型的需求。

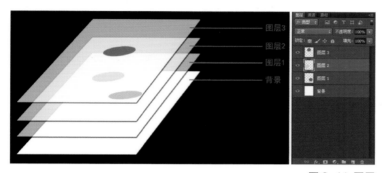

图 2-44 图层

三、Photoshop 文件的新建

在菜单栏"文件"下点击"新建"或使用<Ctrl+N>组合键，都可新建文件。在新建面板中可以更改文件名称，设置尺寸大小、分辨率大小、颜色模式及背景内容。如图2-43。

四、图层的功能与操作

1. 图层的基本概念

"图层"是Photoshop中最基本也是最重要的概念，可以将其理解为一张张依次叠起来的透明纸张，没有绘制内容的区域是透明的，透过透明区域可看到下面图层的内容，每个图层上绘制的内容叠加起来就构成了完整的图像。（图2-44）

2. 图层调板

图层调板是用来管理或操作图层的，使用图层调板可以快速地完成大部分图层的操作。图层调板列出了图像中的所有图层、组和图层效果。图层调板可以显示和隐藏图层、创建新图层，以及处理图层组，还可以访问其他命令和选项。（图2-45）

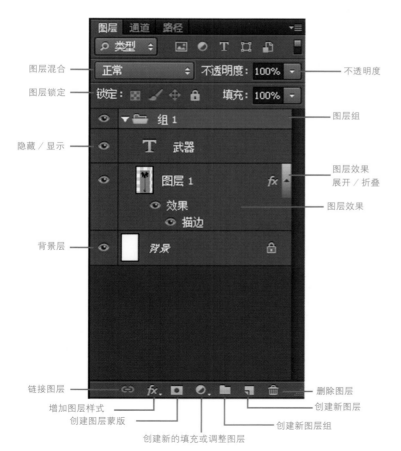

图 2-45 图层调板

图层调板中各部分内容的含义：

●图层混合模式：在下拉列表框中选择当前图层与下方图层之间的混合方式。

●不透明度：控制当前图层的透明度，100%为不透明，0%为完全透明。

●锁定：完全或部分锁定图层以保护其内容。比如锁定透明度，图像的透明区域受到保护，不会被编辑。

●隐藏/显示按钮：控制当前图层是否显示在图像区域中，有眼睛图标时表示显示。

●图层效果展开/折叠按钮：图层上应用的效果显示/隐藏在图层调板上。

●链接图层按钮：单击此按钮，可将选定的多个图层链接在一起，再次单击此按钮可取消链接。

●添加图层样式按钮：单击此按钮，可打开图层样式菜单，为图层添加一个新的图层样式。

●创建图层蒙版按钮：可在图层上添加一个图层蒙版。

●创建新的填充或调整图层按钮：单击此按钮，在当前图层上添加一个填充有特殊效果的图层或调整图层。

●创建新图层组按钮：单击此按钮，可在当前图层之上创建新图层组。

●创建新图层按钮：单击此按钮，可在当前图层之上添加新图层。

●删除图层按钮：将不需要的图层直接拖到此按钮上，可删除图层。

五、工具栏常用工具

1. 画笔工具

画笔工具是Photoshop中极为重要的工具之一。在工具栏中点击"画笔工具"，或按<B>快捷键（<Shift+B>组合键可切换画笔）选择画笔工具。点击属性栏中的"画笔预设"和"画笔面板"按钮，可设置画笔的相关属性。点击<D>快捷键可将Photoshop的颜色设置为默认的前景色（黑色）、背景色（白色）；点击<X>快捷键可切换前景色和背景色。（图2-46）

2. 橡皮擦工具

在工具栏中点击"橡皮擦工具"，或按<E>快捷键（<Shift+E>组合键可切换橡皮擦），点击属性栏中的"画笔预设"和"画笔面板"按钮，可设置橡皮擦的相关属性，如大小及软硬程度。画笔模式有"画笔""铅块"和"块"。如果选择"画笔"，它的边缘是柔和的，也可改变"画笔"的软硬程度；如选择"铅笔"，线的边缘就显得尖锐；如果选择"块"，橡皮擦就变成一个方块。（图2-47）

3. 吸管工具

吸管工具可以从图像中吸取某一点的颜色，或者拾取点周围的平均色进行颜色取样，从而改变前景色或背景色。在工具栏中点击"吸管工具"，或按<I>

图2-46 画笔工具

图2-47 橡皮擦工具

快捷键（<Shift+I>组合键可切换吸管工具、颜色取样器工具、标尺工具、注释工具），单击"取样大小"选项的下三角按钮，可弹出下拉菜单，在其中可选择吸取颜色的范围，如图2-48。

4. 选择工具

为了适应图像制作的需要，Photoshop为我们提供了三种选择工具，分别为规则选择工具、不规则选择工具和魔术棒选择工具。

（1）规则选择工具

规则选择工具包括矩形选择工具、椭圆形选择工具、单行和单列选择工具。他们的快捷键为<M>键，使用<Shift+M>组合键可以在矩形选择工具和椭圆形选择工具中切换。其实规则选择工具使用非常简单，就是按照需要选择工具类型，然后用鼠标点击左键，在图像中选取需要的区域就可以了。（图2-49）

（2）不规则选择工具

不规则选择工具包括套索工具、多边形套索工具、磁性套索工具三种，主要用于对图像中不规则部分的选取。它们的快捷键为<L>键，使用<Shift+L>组合键可以实现三种工具的切换。

套索工具类似于徒手绘画工具，操作时只需要用鼠标在图形内拖动，鼠标的轨迹就是选择的边界，如果起点和终点不在一个点上，那么可通过直线使之连接。该工具的优点是使用方便、操作简单，缺点是难以控制，所以主要用在精度不高的区域。（图2-50）

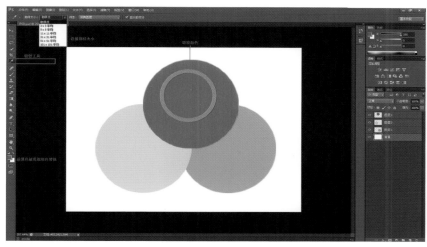

图2-48 吸管工具

图2-49 规则选择工具

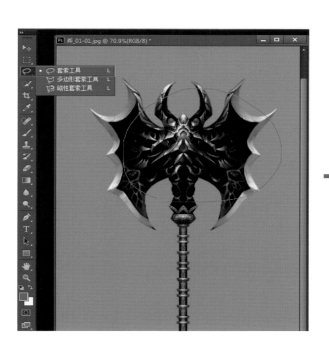

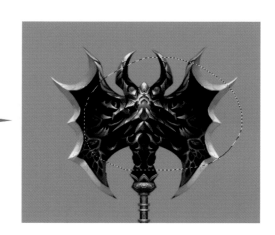

图2-50 不规则选择工具——套索工具

多边形工具类似于徒手绘制多边形。操作的时候只需要在工作区域中单击，增加一个拐点，需要结束时双击鼠标，或者当鼠标回到起点变成小圆圈时单击鼠标。该工具的优点是选择比较精确，缺点是操作复杂，所以主要用在边界为直线或边界复杂的多边形图案上。（图2-51）

磁性套索工具类似于一个感应选择工具。它根据图像边界像素点的颜色来决定选择区域。在图像和背景色差别较大的地方，可以直接沿边界拖拽鼠标，它会根据颜色差别自动勾勒出选择框。（图2-52）

（3）魔术棒选择工具

魔术棒选择工具可以用来选取图像中颜色相似的区域。当用魔术棒工具单击某个点时，与该点颜色相似和相近的区域将被选中，根据单击点的像素和给出的容差值来决定选择区域的大小。在魔术棒选择工具面板中有一个参数取值范围，即0至255，该参数的值决定了选择的精度，值越大选择的精度越小。（图2-53）

5. 减淡、加深和海绵工具

Photoshop中的减淡、加深工具同属于色彩调整，海绵工具用于改变某一区域的色彩饱和度，以进一步修饰图像的细节。

减淡工具常通过提高图像的亮度来校正曝光度。在工具栏中点击"减淡工具"，可以对图像上的阴影、中间调和高光范围进行色彩调整。"曝光度"的数值越大，则调整效果越强烈。（图2-54）

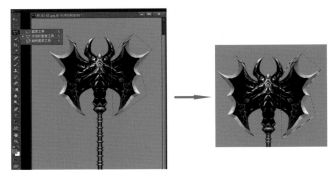

图2-51 不规则选择工具——多边形套索工具

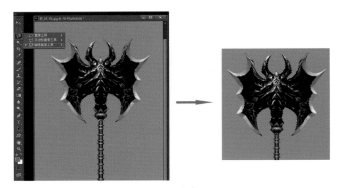

图2-52 不规则选择工具——磁性套索工具

图2-53 魔术棒选择工具

图2-54 减淡工具

高光减淡

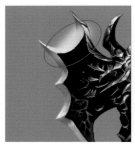

中间调减淡

阴影减淡

加深工具和减淡工具的作用正好相反。在工具栏中点击"加深工具"，可以对图像上的阴影、中间调和高光范围进行色彩调整。"曝光度"的数值越大，则调整效果越强烈。（图2-55）

注意：减淡工具对白色不起作用，加深工具对黑色不起作用，当图像已是灰阶图像，使用海绵工具无作用。按<Alt>键可以在"减淡"与"加深"间切换，释放<Alt>键则回到以前的状态。

海绵工具主要用于增加或减少图像的饱和度，使图像的颜色变得更加鲜艳或灰暗。在工具栏中点击"海绵工具"，在"模式"里可以选择"降低饱和度"和"饱和"，"流量"的数值越大，饱和度的改变效果越明显。（图2-56）

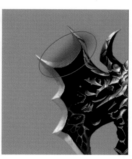
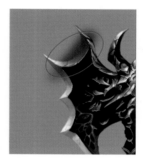

高光加深　　　　　　　中间调加深　　　　　　　阴影加深

图 2-55 加深工具

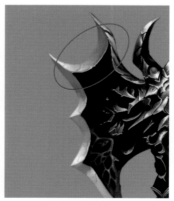
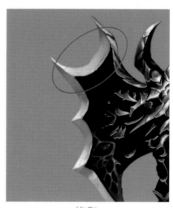

降低饱和度　　　　　　　　　　　　饱和

图 2-56 海绵工具

6. 文字工具

文字工具有4种，即横排文字工具、直排文字工具、横排文字蒙版工具和直排文字蒙版工具，快捷键为<T>（<Shift+T>组合键可在4种工具之间切换）。在工具栏中选择"文字工具"，在图层任意位置中点击，Photoshop会自动生成一个新的文字图层，并把文字光标定位在这一层中，输入文字后，屏幕上出现的文本颜色是当前的前景色或选项条上出现的颜色。我们可以很容易地通过空格键、鼠标拖拉等方式对文字进行编辑。（图2-57）

六、图像调整基本命令

在游戏美术制作中，对图像的色彩和色调进行调整是必不可少的步骤，它主要是对图像的亮度、对比度、饱和度和色相几个维度进行调整。

1. 色阶

色阶是指图像中的颜色或颜色中某一组成部分的亮度范围。打开一幅图片，在菜单栏中选择"图像—调整—色阶"命令，或按<Ctrl+L>组合键弹出"色阶"对话框（图2-58）。色阶是根据每个亮度值（0至255）上的像素点的多少来划分的，最暗的像素点在左边，最亮的像素点在右边。

●通道：其右侧的下拉列表中包括了图像的所有色彩模式，以及各种原色通道。在通道中所做的选择将直接影响该对话框中的其他选项。

●输入色阶：用来指定选定图像的最暗处、中间色调和最亮处的数值，改变数值将直接影响色调分布图三个滑块的位置。

●色调分布图：用来显示图像中明、暗色调的分布。选择的颜色通道不同，其分布图的显示也不同。

●输出色阶：在下方的两个框中

输入数值，可以调整图像的亮度和对比度。

●吸管工具：该对话框有3个吸管工具，由左至右依次是"设置黑场"工具、"设置灰场"工具、"设置白场"工具，在图像中单击鼠标左键可以将取样点作为图像的最亮点、灰平衡点或最暗点。

●载入：单击该按钮，可载入已保存的色阶效果。

●储存：单击该按钮，可以将当前调整的色阶效果保存。

●自动：单击该按钮，将自动对图像的色阶进行调整。

2. 曲线

曲线命令是用来调整图像的色彩范围的，和色阶命令相似。但不同的是，色阶命令只能调整亮部、暗部和中间色调，而曲线命

图 2-57 文字工具

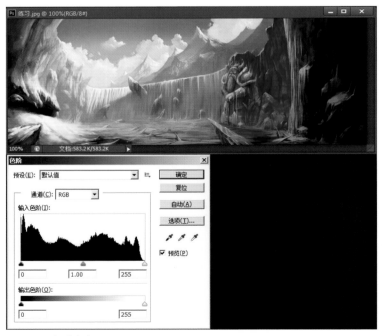

图 2-58 色阶命令

令是将颜色范围分成若干个小方块，每个方块都可以控制一个亮度层次的变化，它不仅可以调整图像的亮部、暗部和中间色调，还可以调整灰阶曲线中的任何一个点。打开一幅图片，在菜单栏中选择"图像—调整—曲线"命令，或按<Ctrl+M>组合键打开"曲线"对话框，如图2-59。在该对话框中，水平轴向代表原来的亮度值，类似"色阶命令"中的"输入"，垂直轴向代表调整后的亮度值，类似"色阶命令"中的"输出"。单击图中曲线上的任一位置，会出现一个控制点，拖拽该控制点可以改变图像的色调范围。单击编辑点工具，可以在对话框的曲线图中直接绘制曲线，点击铅笔工具可以在曲线图中绘制自由形状的曲线。

3. 色彩平衡

该命令可以粗略地调整图像的总体混合效果，只有在复合通道中才可用。打开一张要调整的图片，选

择"图像—调整—色彩平衡"命令，或按<Ctrl+B>组合键可弹出"色彩平衡"对话框。（图2-60）

图2-60中的3个滑块用来控制各主要色彩的变化，3个单选按钮可以选择"阴影""中间调"和"高光"来对图像的不同部分进行调整。图2-61，选中"预览"可以在调整的同时随时观看生成的效果，选择"保持明度"时，图像的明度值不变，只有颜色值发生变化。

4. 亮度 / 对比度

"亮度/对比度"可以粗略地调整图像的色调范围。打开一幅图片，在菜单栏中选择"图像—调整—亮度/对比度"，弹出该对话框，如图2-62。在此对话框中，亮度的设定范围是-150至150，对比度的设定范围是-50至100，操作对比图如图2-63。

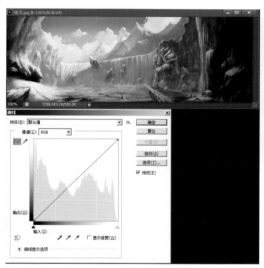

图2-59 "曲线"命令

图2-60 "色彩平衡"命令

图2-61 "色彩平衡"命令下的效果图对比

图2-62 "亮度 / 对比度"命令

5. 色相 / 饱和度

"色相/饱和度"不但可以调整图像的色相、饱和度和明度，还可以分别调整图像中不同颜色的色相、饱和度和明度，或使图像成为一幅单色调的图。在菜单栏中选择"图像—调整—色相/饱和度"，弹出"色相/饱和度"对话框。（图2-64）

●编辑：下拉列表包括红色、黄色、绿色、青色、蓝色、洋红6种颜色，可选择一种颜色单独调整，也可以选择"全图"选项，对图像中的所有颜色进行整体调整。

●色相：拖动滑块，或在数值框中输入数值就可以调整图像的色相。

●饱和度：拖动滑块，或在数值框中输入数值就可以改变图像的饱和度。

●明度：拖动滑块，或在数值框中输入数值就可以调整图像的明度。

三个滑块的设定范围都是-100至100。对话框最下面的两个色谱条，上面一条表示调整前的状态，下面一条表示调整后的状态。

●着色：选中后，可以对图像添加不同程度的灰色或单色。

●吸管工具：该工具可以在图像中吸取颜色，从而达到精确调节颜色的目的。

●添加到取样：该工具可以在当前颜色的基础上，增加被调节的颜色。

●从取样中减去颜色：该工具可以在当前颜色的基础上，减少被调节的颜色。

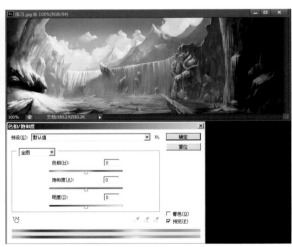

图2-63 "亮度/对比度"命令下的效果图对比

图2-64 "色相/饱和度"命令

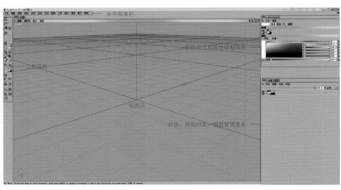

图2-65 启动 BodyPaint 3D 软件

图2-66 BodyPaint 3D 界面

第五节 BodyPaint 3D 软件基础及应用

一、BodyPaint 3D 简介

BodyPaint 3D是Cinema 4D软件中的一个核心模块,是一款功能强大、操作灵活的三维纹理绘制和UV编辑软件。它以其高效的实时绘制功能、丰富的绘画工具集和强大的UV编辑能力,为艺术家和设计师提供了全新的创作体验。无论是游戏模型贴图制作、电影特效添加还是其他三维制作任务,BodyPaint 3D都能帮助艺术家轻松实现他们的创意和想法。BodyPaint 3D具备一套强大的绘画工具集,使设计师能够

在三维物体表面进行实时的纹理绘制,无须担心表面的复杂性或奇特性,它能够实时展示绘制效果,帮助艺术家快速调整和完善作品,是游戏模型贴图制作中不可或缺的重要软件。

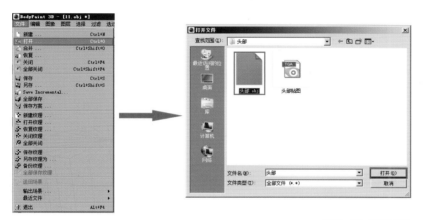

图 2-67 打开文件

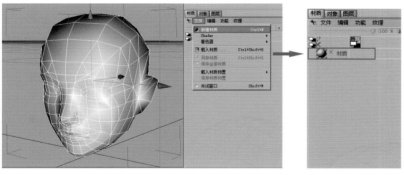

图 2-68 创建材质

图 2-69 指定头部贴图的路径

二、BodyPaint 3D 在游戏中的运用

BodyPaint 3D在游戏制作中主要运用于绘制角色、场景的材质贴图,以及处理贴图接缝和一些细节的纹路。通过BodyPaint 3D,设计师可以直接在三维模型的UV表面上进行绘制,为游戏角色赋予真实的皮肤质感,为场景添加细腻的光影效果,以及为道具增加独特的视觉特征。这些贴图不仅能够提升游戏的视觉效果,还能增强玩家的游戏体验感。BodyPaint 3D在游戏制作中的运用,为三维游戏美术设计师提供了强大的支持,使他们能够创造出更加逼真、细腻的游戏画面,为玩家带来更加震撼和愉悦的游戏体验。

三、BodyPaint 3D 基本功能

在菜单栏中点击"文件—打开",选择从3ds Max里导出的"头部.obj",将模型导入BodyPaint 3D软件。(图2-67)

在"材质面板"文件下选择"新建材质"命令,创建一个新的材质球,如图2-68。

双击材质球,在弹出的窗口中点击"纹理",为模型指定头部贴图的路径,如图2-69。

选择头部模型后在"材质"面板中点击鼠标右键,弹出卷展栏,选择"应用"将材质指定给模型,

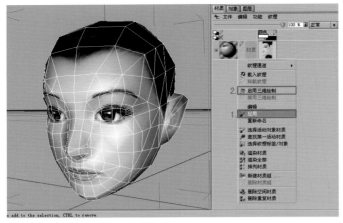

图 2-70 贴图编辑前的设置准备

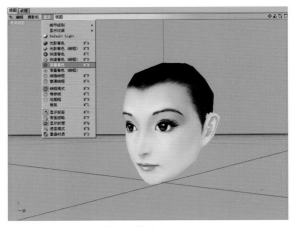

图 2-71 设置"常量着色"模式

再选择"启用三维绘制"以便在BodyPaint 3D中对头部贴图进行贴图编辑,如图2-70。

在BodyPaint 3D中,模型默认为灯光模式,为了方便观察,在绘制贴图时通常把显示设置为"常量着色",如图2-71。

在贴图绘制过程中,可以在图层面板设置图层,图层的概念跟Photoshop类似。在图层面板点击"功能"选项,在弹出的卷展栏中可以新建图层、再制图层、删除图层等,双击图层可更改图层名称,如图2-72。

图 2-72 "功能"菜单的下拉菜单

四、BodyPaint 3D 工作界面

BodyPaint 3D启动时默认的视图布局为标准的均等四视图,分别为透视视图、顶视图、右视图、正视图,其效果如图2-73。

每个视图的右上角都有可以操作视图的按钮工具,依次为移动视图、缩放视图、旋转视图、视图最大化,其效果如图2-74。视图工具快捷键如下:

- ●旋转视图为<Alt+鼠标左键>。
- ●平滑缩放视图为<Alt+鼠标右键>。
- ●快速缩放视图为鼠标滚轮调节。
- ●移动视图为<Alt+鼠标中键>。
- ●视图最大化用鼠标中键调节。

如果需要改变视图,只需要在所要改变的视图中点击摄影机选项,在其下拉菜单中选择想要的视图即可,也可以在视图面板中选择不同的视图布局,如图2-75。

在工具栏中,点击"视图工具",可以选择将界面切换为BP UV Edit或BP 3D Paint界面。这样我们在编辑贴图时,可以在3D模式和UV平面模式中同时观察,如图2-76。

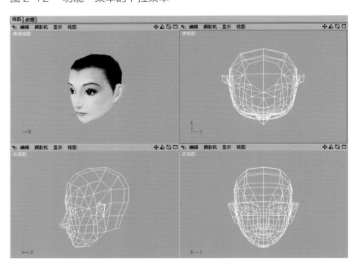

图 2-73 视图布局

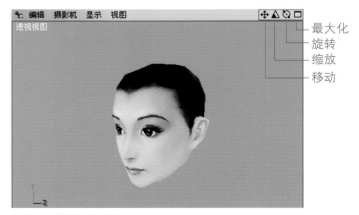

图 2-74 视觉按钮功能

  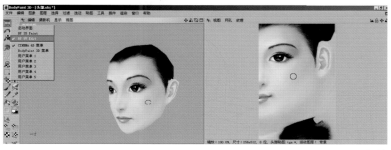

图 2-75 改变视图的操作方法　　　　　　　　　　　　　　图 2-76 界面切换

五、BodyPaint 3D 常用工具

1. 画笔工具

在工具栏中点击"画笔工具"，在"颜色面板"中可以选择颜色，在Attributes面板中可以设置画笔的相关属性及画笔类型，如图2-77。

2. 橡皮工具

在工具栏中点击"橡皮工具"，在Attributes面板中可以设置橡皮的相关属性及橡皮类型，如图2-78。

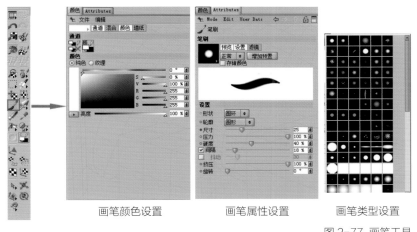

画笔颜色设置　　　　　　画笔属性设置　　　　　　画笔类型设置

图 2-77 画笔工具

 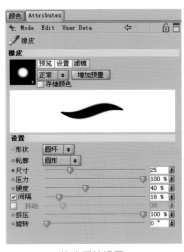 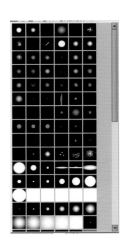

橡皮属性设置　　　　　　　橡皮类型设置

图 2-78 橡皮工具

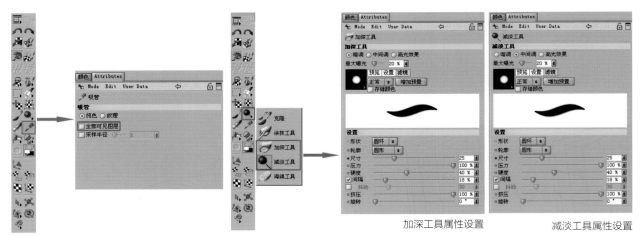

图 2-79 吸管工具　　　　　　图 2-80 加深／减淡工具

加深工具属性设置　　　　　减淡工具属性设置

3. 吸管工具

在工具栏中点击"吸管工具"，或在画笔工具模式下按住<Ctrl>键也可选择吸管工具。在Attributes面板中可以设置吸管的相关属性，在默认状态下"全部可见图层"是关闭的，勾选以后才会生效，如图2-79。

4. 加深／减淡工具

在工具栏中点击"加深/减淡工具"，在Attributes面板中可以设置加深、减淡工具的相关属性，如图2-80。

5. 选区工具

在工具栏中点击"选区工具"，可选择矩形、圆形、自由多边形等选项，如图2-81。

第六节　ZBrush软件基础及应用

一、ZBrush简介

ZBrush是一个数字雕刻和绘画软件，它以强大的功能和直观的工作流程彻底改变了整个三维行业。它提供了一个简洁的界面，为当代数字艺术家和从事相关行业的人提供了世界上最先进的工具，使他们能够在三维环境中进行高精度的

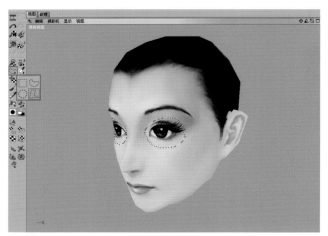

图 2-81 选区工具

雕刻和绘画。ZBrush不仅在游戏开发和动画制作中扮演着重要的角色，还广泛用于概念设计和插图设计。设计师可以使用其自由形变的功能，在数码空间中迅速创建概念草图和独特的艺术作品。它还提供了丰富的绘画和渲染工具，可以创建出高质量的插图效果。ZBrush是一款功能强大、操作灵活的数字雕刻和绘画软件，为大家提供了无限的创作空间和可能性。无论是专业设计师还是初学者，都可以通过ZBrush实现他们的创意和想象力。（图2-82、图2-83）

二、ZBrush在游戏中的运用

ZBrush在游戏制作中的高模雕刻环节发挥着核心作用。这款强大的数字雕塑软件为游戏设计师提供了一系列精细而强大的工具，帮助他们积累令人惊艳的三维游戏美术资产。ZBrush可以实现高精度的模型雕塑和细节处理。设计师可以使用各种笔刷和工具，在模型表面上

图 2-82 ZBrush 2024 启动界面　　　　　　　　　　　　图 2-83 ZBrush 2024 界面

添加细节、纹理和皱褶等，以创建逼真的虚拟模型。这使得角色、道具和场景等游戏元素的设计更为生动和真实。ZBrush以其强大的高模雕刻功能、灵活的操作和卓越的材质编辑能力，为游戏美术制作带来了极大的便利。它不仅提高了游戏美术的质量和效率，还为设计师提供了更多的创意空间。无论是大型游戏公司还是独立开发者，ZBrush都已成为他们不可或缺的游戏美术制作软件。

三、ZBrush 基本功能介绍

ZBrush的功能较多，其中Brush、Stroke和Alpha是最常用的三种功能。

1.Brush（笔刷）

常用笔刷如图2-84所示。下面重点介绍几个。

●Standard（标准笔刷）：标准笔刷是ZBrush中最基础的笔刷，用于绘制基本的形状和表面细节。该笔刷的形状可自定义，可用于建模、雕刻和绘画等操作。在使用标准笔刷时，可以通过调整笔刷大小、硬度、强度和Z强度等参数来控制笔刷的效果。（图2-85）

●ClayBuildup（黏土堆积笔刷）：ClayBuildup笔刷可以添加和堆积模型表面的材料，常用于添加表面纹理和黏土效果。该笔刷的效果类似于将黏土粘在模型表面上，可以快速增加表面细节和塑造几何形状。（图2-86）

●Move（移动笔刷）：移动笔刷可用于将模型表面的几何形状进行移动和变形，常用于调整模型形状和调整模型比例。该笔刷可拉伸、挤压、旋转和移动几何形状。（图2-87）

●DamStandard（边缘雕刻笔刷）：DamStandard笔刷可用于在模型表面创建硬边缘和沟槽等效果。该笔刷可实现高质量的切线细节，常用在建模过程中切

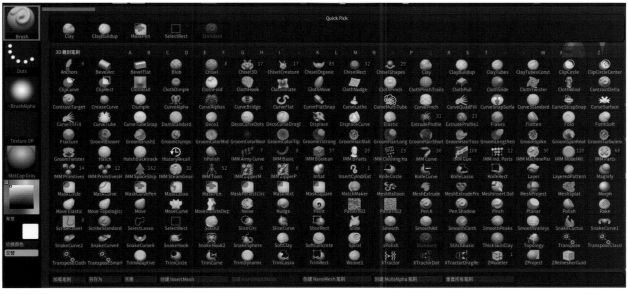

图 2-84　常用笔刷

割和分离几何形状。（图2-88）

●Pinch（收缩笔刷）：Pinch笔刷可用于将模型表面的几何形状进行收紧，常用于制作细节和增加模型的纹理。（图2-89）

●Inflat（充气笔刷，也叫膨胀笔刷）：Inflat笔刷可用于将模型表面进行膨胀和充气，常用于添加凸起效果和增加模型的体积感。（图2-90）

●hPolish（平滑抛光笔刷）：hPolish笔刷可用于平滑模型表面，并在模型表面上添加高光面效果。该笔刷可实现各种平滑和高光面效果，包括均匀平滑、逐步平滑和高光面修饰。（图2-91）

●Smooth（平滑笔刷）：Smooth笔刷可用于平滑模型表面，消除几何形状的棱角和锋利边缘。该笔刷可实现各种平滑效果，包括均匀平滑、逐步平滑和基于压力的平滑。（图2-92）

笔刷快捷键设置：

点击界面左侧雕刻笔刷出现所有雕刻笔刷种类，同时按下<Ctrl +Alt>键不松手状态下单击需要自定义笔刷快捷键的笔刷图标。（以"ClayBuildup"笔刷为例），此时窗口上面会出现一排提示"按任意组合键

指派自定义热键-或-按ESC或鼠标键取消-或-按删除键删除先前自定义指派。"（图2-93）

一般而言，字母已被设置为快捷键，所以，我们选择1至9的数字来设置。随意按一个数字（这里按下数字2），如果出现提示"热键注释：自定义热键指派成功。"就说明设置成功了。如果想重新设置笔刷快捷键或想要删除，同样先按下<Ctrl+Alt>键，单击想要删除快捷键的笔刷，松开<Ctrl+Alt>键，然后按下<Delete>键即可删除热键。（图2-94、图2-95）

设定笔刷快捷键之后，如果关闭软件再打开，其设置会默认恢复原始状态。要想保存热键设置，单击"首选项"菜单，点击"热键"面板，再点击"储存"，即可将笔刷快捷键保存。（图2-96）

2.Stroke（笔触）

笔触主要配合笔刷来使用，同样的笔刷搭配不同的笔触可以绘制出各种不同的效果。例如，有模拟连贯笔触的效果，也有模拟喷枪喷洒的笔触效果。（图2-97）

图2-85　　图2-86　　图2-87　　图2-88　　图2-89　　图2-90　　图2-91　　图2-92

图2-93

图2-94

图2-95

图2-96

图2-97

●Dots(多点)：该笔触以点到点的方式分布。如果使用数位板绘制，压力笔的压力不同会影响半径的大小，鼠标移动的速度决定笔触的点的间隔。（图2-98）

●DragRect（拖拽矩形）：在固定位置上以拖拽的方式形成一个Alpha（透明度）图形，一次只能拖拽出一个笔触，按下鼠标左键决定笔触的起始点，拖拽的距离决定绘制的半径。（图2-99）

●FreeHand（自由绘制）：自由绘画方式，笔触的粗细由Draw Size（绘制大小）决定，笔触间隔由Spacing（间隔）决定。（图2-100）

● Color Spray（彩色喷溅）：该笔触带有彩色信息且呈现不均匀的分散与分布状态。（图2-101）

●Spray（喷溅）：能绘制出不均匀、分散式的效果，不产生色相的变化，只有颜色浓度和绘画半径的随机变化。（图2-102）

●DragDot（拖拽点）：能将Alpha（透明度）图形拖拽到模型的任意位置，图形大小不发生变化。（图2-103）

●DragStamp（拖曳印记）：能够实现细节在物体表面上的实时移动，通过来回移动光标，控制拖动到曲面上的 Alpha 的相关强度。（图2-104）

3. Alpha（蒙版通道）

Alpha在ZBrush中主要是指8位的灰度图像，他的主要作用是定义笔刷的形状，也可以用来定义遮罩和定义蒙版。点击画布左侧的Alpha图标时，将会出现一个面板，该面板展示了一系列当前可用的Alpha图像。还可以利用"Import"功能，将自己创建的位图导入，从而将其变成个性化的Alpha图像。（图2-105）

4. 工具面板

工具面板可以说是ZBrush中比较重要的面板了，大部分的雕刻工作都是在视图操作区和工具面板中进行。在工具面板的最上方，是文件处理区域，在ZBrush中打开和保存文件都是在这里完成。其中，载入工具按钮可以将保存的ZTL文件载入，另存为按钮是保存ZTL文件的按钮，导入按钮和导出按钮可以导入和导出包含OBJ在内的多种类型文件。（图2-106、图2-107）

图2-98　　　图2-99　　　图2-100　　　图2-101　　　图2-102　　　图2-103　　　图2-104

 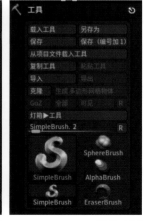

图 2-105　　　　　　　　　　　　　　　　　　图 2-106

子工具面板是工具面板中的重要面板，在ZBrush中，一次只能对一个物体进行雕刻。如果整个形体由多个单独个体组成，就需要将这些单独的个体加载到子工具面板中。（图2-108）

几何体编辑子面板是工具面板当中最重要的子面板。在ZBrush中，物体可以被细分成很多级别，在每一个级别中，我们都可以雕刻形体，这样就可以将不同的体块和细节存储在对应的级别中。单击"细分网格"按钮就可以将物体进行细分，其快捷键为<Ctrl+D>，在几何体编辑子面板的最上面有两个按钮，分别是"降低分辨率"和"提高分辨率"，其作用相当于拖动其下的层级转换滑竿对物体级别进行切换，降低分辨率用于切换低级别，其快捷键为<Shift+D>；而提高分辨率用于切换高级别，其快捷键为<D>。（图2-109）

第七节　Substance Painter 软件基础及应用

一、Substance Painter 简介

Substance Painter（简称"SP"）是一款功能强大的3D纹理贴图软件。广泛应用于游戏、影视等数字艺术领域。它为数字艺术家和设计师提供了一个高效的平台，使他们能够轻松实现高质量的3D模型纹理和材质设计。它支持多种画笔类型，包括基础的绘制工具以及更高级的粒子刷等，能够模拟不同的纹理效果。它还提供了丰富的材质库，用户可以从中选择适合的材质，或者自定义创建新的材质，以满足不同的项目需求。它支持多种3D模型格式，用户可以直接导入自己的模型到该软件中进行编辑。Substance Painter拥有强大的烘焙功能，能够将网格信息转换为纹理，为模型添加更多的细节和质感。无论是专业设计师还是初学者，都能够通过它实现高质量的3D模型纹理和材质设计。（图2-110、图2-111）

图 2-107

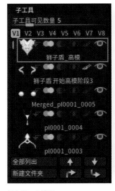

图 2-108

图 2-109

图 2-110　Substance Painter2021 启动界面

图 2-111　Substance Painter2021 操作界面

二、Substance Painter 在游戏中的运用

Substance Painter主要用于游戏设计的各种纹理模型的制作。其强大的功能和特点为游戏开发者提供了高效且逼真的纹理生成工具，从而极大地提升了游戏的质量和效率。Substance Painter能轻松应对各种复杂的纹理需求，无论是细腻的人物肌肤纹理，还是充满质感的场景细节，它都能完美呈现。其高效的纹理生成工具使得游戏设计师能够迅速构建出精细且逼真的纹理，为游戏中的角色、道具和场景赋予生动真实的外观。Substance Painter以其强大的功能和高效的操作，为游戏制作带来了革命性的改变，为玩家带来更加震撼和愉悦的游戏体验。

三、基本功能介绍

1. 文件导入

在菜单栏中点击"文件—新建"，在新建项目对话框中，选择模板类型，点击"选择"按钮导入模型，设置分辨率大小与法线贴图格式（OpenGl是Maya的法线显示方式，DirectX是Max的法线显

示），点击"添加"按钮，导入烘焙好的贴图。（图2-112）

创建新项目之后，将导入项目里的贴图对应放入模型贴图里。（图2-113）

2. Substance Painter 的两种模式

Substance Painter共有两种模式，分别是绘画模式与渲染模式。

绘画模式：在"模式"下拉菜单中选择"绘画"模式或按快捷键<F9>，为正常三维纹理绘制状态。（图2-114）

渲染模式：在"模式"下拉菜单中选择"Rendering（Iray）"模式或按快捷键<F10>，进入渲染窗口模式。（图2-115）

3. 视图显示方式

Substance Painter的视图显示方式分为三种，具体如下。

第一种为3D/2D，3D模型效果和2D贴图展开效果同屏显示。（图2-116）

第二种为3D，只显示3D模型和绘制效果。（图2-117）

图 2-112

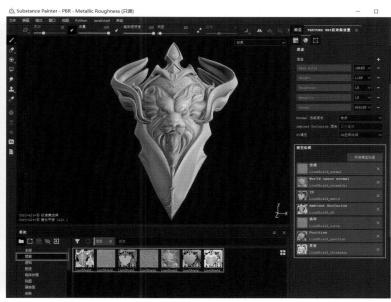

图 2-113

第三种为2D，只显示展开UV上绘制的效果。（图2-118）

4. 工具栏

工具栏包含绘制工具的按钮图标，从上到下依次为画笔、橡皮擦、映射（投影）、多边形填充（几何体填充）、涂抹、克隆（仿制）、材质拾取器（材质选择器）。（图2-119）

●画笔：画笔工具分为正常画笔（快捷键<1>）和物理画笔（快捷键<Ctrl+1>）两种，其中物理画笔需要配合粒子笔刷使用才能得到更加完美的纹理效果。

●橡皮擦：橡皮擦工具分为普通橡皮擦（快捷键<2>）和物理橡皮擦（快捷键<Ctrl+2>）两种，其中物理橡皮擦可以擦除物理笔刷效果。

●映射（投影）：映射工具分为普通映射（快捷键<3>）和物理映射（快捷键<Ctrl+3>）两种，映射工具的主要功能是将外部导入的图片纹理用正常方式或者物理流体的方式投射在制作的模型上。

●多边形填充（几何体填充）：在图层上面可以按照三角面、几何四边面、模型、UI四种方式将相应的模型部分填充成需要的样式。

●涂抹：涂抹工具用法类似于Photoshop软件里的涂抹工具，主要用于在图层上将绘制的颜色边沿模糊化。

●克隆（仿制）：此工具功能与Photoshop软件里的仿制图章工具用法一致。

●材质拾取器（材质选择器）：此工具类似于Photoshop软件中吸管工具，可以拾取画笔当前位置的材质纹理，此功能必须在画笔状态下使用。

5. 工具属性栏

工具属性栏位于主菜单栏下方、视口上方，包含大小、流量、笔刷透明度、间距、延时鼠标、距离、对称、对称设置、显示/隐藏操作轴八个控制命令设置内容。（图2-120）

●大小：通过调整"大小"控制按钮滑条，可调节笔刷大小，往左为缩小笔刷，往右为放大笔刷。

●流量：通过调整"流量"控制按钮滑条，控制画笔颜色的轻重，滑条往右颜料增多，画出的颜色浓

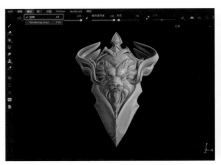

图 2-114

图 2-115

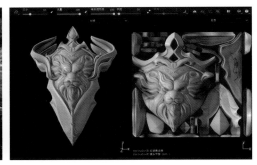

图 2-116

图 2-117

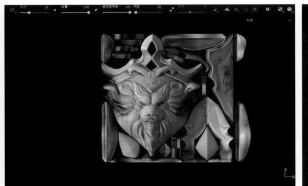

图 2-118

图 2-119

图 2-120

郁；滑条往左颜料减少，画出的颜色清淡。

●笔刷透明度：通过调整"笔刷透明度"控制按钮滑条，可以调节画笔虚实的程度，越往左越实，越往右越虚。

●间距：用于调节笔刷绘制时连续性效果，当间距参数为1和100时，画笔连续性效果呈现出不同的形态。

●延时鼠标：与距离配合使用，打开"延时鼠标"后，可调节鼠标距离，绘制时让画笔产生延时效果以防止抖动，从而可以绘制出流畅的线条。

●距离：可以设置鼠标在绘图时的偏移距离。

●对称：点击开启后可在视口以对称的方式绘制纹理。

●对称设置：可以设置对称方向和对称方式，点击后可选择镜像对称或径向对称。

●显示/隐藏操作轴：点击"显示/隐藏操作轴"控制按钮，可以对对称轴的显示或隐藏进行设置，并且可以移动操作轴改变对称中心的位置。

5. 展架

展架工具栏预设了很多种效果，我们在绘制过程中需要使用的笔刷、贴图、粒子喷溅，以及预设的特效和材质球等效果，都可以在这里找到并查看预览。（图2-121）

全部：资源架所有的可用资源，都可以在这里找到。

项目：包含了软件的功能贴图。

透贴：Alpha纹理贴图，绘制贴图的黑白通道图。

脏迹：绘制纹理所需的脏迹黑白图。

程序纹理：设置好的程序纹理贴图、材质纹理和黑白图。贴图包含可修改属性，和普通贴图的使用方式一样。

硬表面：软件自带的硬表面类细节的法线贴图。

皮肤：软件自带的皮肤材质球。

滤镜：绘制贴图时可使用的特殊效果。

笔刷：软件自带的各种绘制笔刷。

粒子：软件自带的粒子笔刷。

工具：实现特殊效果的笔刷，在笔刷状态下使用可以得到特殊的效果。

材质：软件自带的基础材质，与3ds Max软件中的材质球类似，可直接拖拽至模型或图层使用。

Smart Materials智能材质：软件自带的包含更多纹理细节的智能材质，可直接拖拽至模型或图层使用。

智能遮罩：软件自带的可调节更多参数的黑白智能遮罩，可直接拖拽用于图层遮罩下使用。

背景：环境光图片，将其拖拽至显示面板背景贴图中可用于更换场景中背景和环境光。

色彩配置：在资源展架中显示颜色的搭配。

6. 纹理集设置

纹理集设置面板主要是绘制贴图的大小、通道，以及对烘焙功能贴图进行设置。功能贴图是用于绘制纹理贴图计算细节的辅助贴图，可外部导入或在面板烘焙"模型贴图"中得到，包括法线（Normal）贴图、Wolrd space normal（世界法线贴图）、ID（材质选取贴图）、Ambient Occlusion（AO环境阻塞贴图）、曲率（Curvature）贴图、Position（位置贴图）、厚度贴图（图 2-122）。在"烘焙模型贴图"面板上，点击后弹出相应对话框，可在对话框中设置功能贴图大小以及其他相关设置，不需要的贴图可在对应命令前取消勾选，表示此项命令不进行烘焙；也可载入高模烘焙，效果更好。（图 2-123）

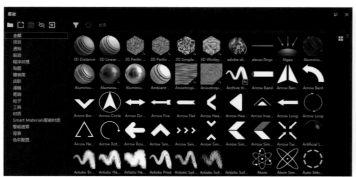

图 2-121　　　　图 2-122　　　　　　图 2-123

图 2-124

图 2-125

图 2-126

7. 纹理集列表

纹理集列表面板是对模型图层组的整合，一张UV对应一个纹理集模型，点击眼睛按钮可以显示或者关闭相应的纹理集模型。要注意Substance Painter软件是根据模型材质球名来分纹理集的。（图 2-124）

8. 属性面板

属性面板是图层、画笔属性的调整面板，只有在图层面板选择图层、画笔、填充图层时，才会有不同的属性调整显示。当选择图层和画笔时，面板都显示为"属性—绘画"；当选择填充图层时，面板显示为"属性—填充"。（图2-125、图2-126）

本章小结

一名合格的三维游戏美术设计师除了需要具有扎实的美术基础外，还要熟练掌握和运用游戏开发工具。计算机图形制作技术是三维游戏美术设计师的必备技能，3ds Max、Photoshop、BodyPaint 3D、ZBrush、Substance Painter等一系列制作软件都是三维游戏美术设计师必须掌握的。从游戏开发的角度来说，设计师仅仅掌握这些软件的一般应用是不够的，还必须熟悉游戏开发的流程，了解游戏美术的特殊要求，掌握游戏领域的最新技术手段。

练习与思考

1.了解3ds Max、Photoshop、BodyPaint 3D、ZBrush、Substance Painter软件在游戏制作中的作用。

2.掌握3ds Max、Photoshop、BodyPaint 3D、ZBrush、Substance Painter软件的基本操作及常用工具的运用。

CHAPTER 3

一

第三章

三维网络游戏
武器制作

要点导入

本章通过典型案例——战斧武器的制作，学习原画的设定、模型的制作、UV的编辑、贴图的绘制4个方面的知识，从而使读者熟悉游戏武器的制作流程和制作方法，最终对游戏三维美术制作产生深刻地认识与理解。战斧模型最终效果见图3-1。

图 3-1 战斧模型效果

第一节 战斧原画分析

在三维游戏美术制作中，设计者必须要对原画的设计进行全面分析，才能准确地制作出合理的3D效果。

此处的战斧定位为中式魔幻风格，在游戏中一般为近战力量的职业者使用。从类型上看，这把恶魔烈焰双刃战斧属于近战中的长柄重型武器，前端像一只张开双翼的恶魔，双翼边上有岩浆裂开的效果，带有反刺的尾巴构成武器的底部。从结构上分析，这把双刃斧中间厚、两边薄，斧头的两个角具有向前刺的作用，所以要尖且长一点，斧的刃要体现出翅膀的感觉，柄身细长，尾部有尖刺。从质量上分析，这把武器为高级武器，造型奇异，斧头本身用稀有材料——千年寒铁铸造，斧柄材质为金属质感。战斧原画见图3-2。

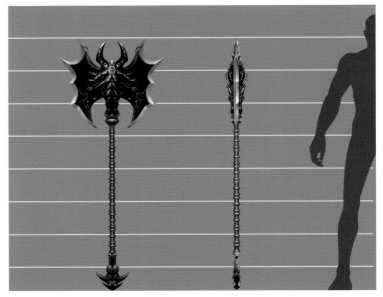

图 3-2 战斧原画

图 3-3 战斧原画分析

战斧分为斧头和斧柄两部分，每一部分可以分别运用适合的建模方法，这样能提高工作效率。如图3-3所示，斧头造型比较复杂，可以先用样条线勾出轮廓再生成模型，斧柄可以直接将模型转换为多边形后挤出模型。

第二节 战斧模型制作

（1）打开3ds Max，在菜单栏中选择"自定义—单位设置"，将"单位显示比例"设置为"厘米"，其他保持默认，如图3-4。

（2）在前视图中创建一个平面，长宽跟武器原画尺寸保持一致，线段数量为1，坐标归零，如图3-5。

（3）按<M>快捷键，打开材质编辑器，选择一个材质球，点击漫反射的颜色，在"材质/贴图浏览器"中点击"位图"，将武器原画导入到材质球中，如图3-6。

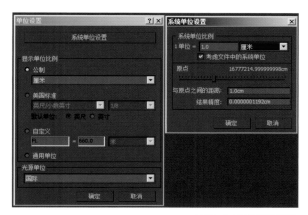

图 3-4 系统单位设置

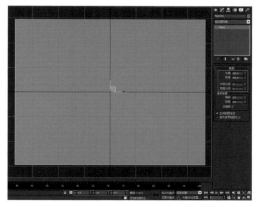

图 3-5 设置尺寸与坐标

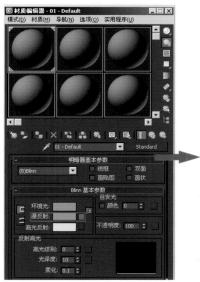

选择材质球

打开位图

导入武器原画

图 3-6 导入原画

（4）把材质指定给创建的平面，如图3-7。

（5）选择面片模型后点击鼠标右键，进入对象属性面板勾选"冻结"，取消勾选"以灰色显示冻结对象"，这样就可以冻结面片模型，如图3-8。

（6）斧头的建模方式选择用样条线。在创建面板下选择"图形"，再选择"线"命令，我们就可以沿着斧头的边缘创建样条线，勾出外轮廓的主要结构，如图3-9。

（7）由于斧头左右两边对称，所以只需要创建一边的外轮廓，然后将二维样条线进行"转换为：转换为可编辑多边形"的编辑，如图3-10。

（8）分析斧头的结构并进行布线，线是为结构而存在的，所以要在结构转折上增加布线，如图3-11。

（9）分析原画，从轮廓剪影推测出不同角度的立体起伏关系，调整出模型的厚度，厚度起伏要有层次感，如图3-12。

（10）游戏制作有一定的资源限制，为了减少模型面数，节省资源，方便调整最终模型，我们只需要保留结构线，其余部分合并为三角面，并均匀链接，如图3-13。

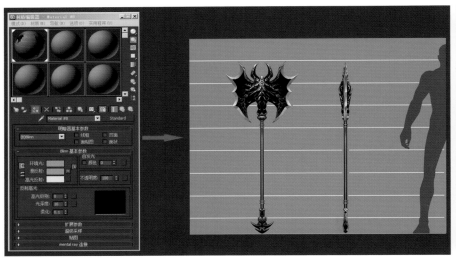

图3-7 指定材质

图3-8 冻结面片模型

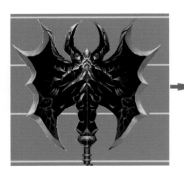

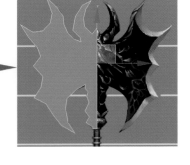

图3-9 斧头建模

图3-10 转换样条线

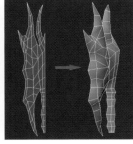

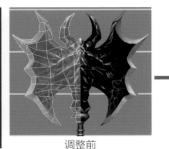

调整前

调整后

图3-11 增加布线

图3-12 厚度调整

图3-13 调整前后效果对比

（11）在修改面板中，通过两次"对称"命令，将调整好的模型进行一次左右对称的复制操作，再进行一次前后对称的复制操作，完成斧头的模型制作，如图3-14。

（12）对模型进行塌陷操作，再选择斧头底面的边，按<Shift+移动>组合键将斧柄的结构拉出，如图3-15。

（13）增加布线，并挤出斧柄底部的结构，调整出底部模型，如图3-16。

（14）制作出斧柄上圆环的结构。在创建面板中选择"几何体"，创建一个"圆柱体"，并设置参数，如图3-17。

（15）游戏模型通常都需要增加表面平滑组，显示出软硬边的变化，准确表现模型的结构。按模型转折的结构分别设置不同的平滑组，如图3-18。设置后最终效果如图3-19。

（16）武器模型完成后，将模型放在网格中心上，坐标设置在模型底部，模型名改为"武器_战斧"，与原画名称统一，如图3-20。

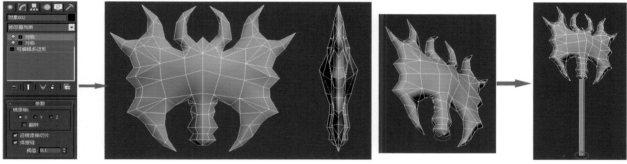

图 3-14 对模型进行复制操作　　　　　　　　　　　　　　　　　　　图 3-15 拉出斧柄的结构

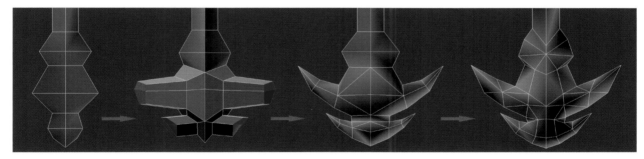

图 3-16 挤出斧柄底部的模型

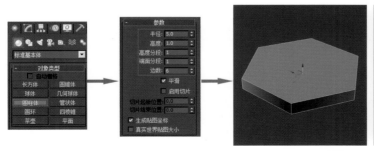

图 3-17 制作圆环

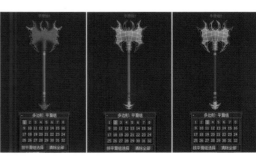

图 3-18 增加表面的平滑组

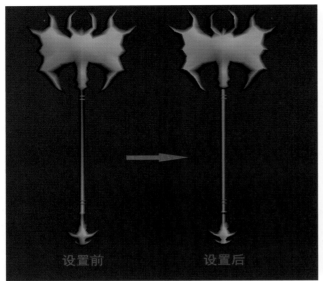

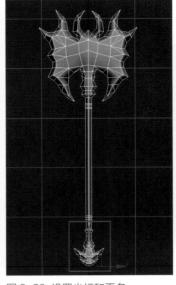

图 3-19 最终效果

图 3-20 设置坐标和更名

第三节 战斧 UV 编辑

制作完战斧模型之后，开始编辑模型的UVW坐标。在编辑UVW坐标的过程中，要注意合理分配空间，我们可以通过棋盘格贴图来观察UVW坐标的分布。武器模型为前后左右对称式，只需要对四分之一的模型进行UV编辑，再将模型对称复制即可。具体操作步骤如下：

（1）在修改面板中增加"UVW展开"命令，进入多边形层级，给武器斧头和斧身分别指定"平面坐标"，如图3-21。

（2）给模型指定棋盘格贴图，在编辑UV面板中点击"打开UV编辑器"，检查UVW坐标位置摆放是否合理（贴图细节较多的UV范围放大，反之缩小），并调整相应的UVW坐标顶点，使棋盘格显示为正方形。为了节省资源，武器UV摆放为长方形，只摆放编辑框的一半，如图3-22。为了正确渲染UV模板，将UVW坐标向右扩大至整个UVW编辑框，如图3-23。

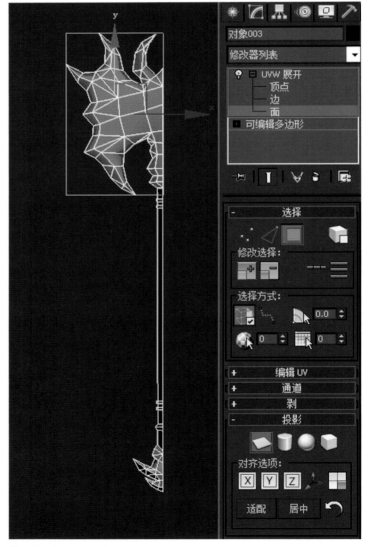

图 3-21 UVW 展开

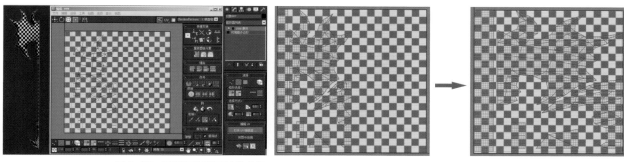

图 3-22 用棋盘格贴图校准坐标 　　　　　　　　　　　　　　　图 3-23 扩大 UVW 坐标

（a）渲染 UV 模板　　　　　　　　　（b）保存贴图

图 3-24

　　（3）在编辑UVW对话框中选择"工具"命令，再选择"渲染UVW模板"，设置导出的贴图坐标的宽度、高度尺寸分别为256、512，点击"渲染UV模板"，保存UV为TGA格式，并命名为"武器_战斧UV"，如图3-24。

第四节　战斧模型贴图绘制

　　（1）绘制模型贴图。完成模型的UV编辑后，开始绘制模型贴图。一般情况下，游戏的光照都是从上至下的，所以在绘制贴图时要模拟这种光源效果。为了在绘制贴图时方便观察贴图效果，一般会将3ds Max内部光照取消（单击数字键"8"打开环境设置框，将全局照明下的染色和环境光对调一下），如图3-25。设置后模型的效果如图3-26。

　　（2）在Photoshop中打开"武器_战斧UV"，双击背景图层将其解锁，并将背景图层名称改名为"UV"，图层叠加方式改为"滤色"，图层不透明度设置为20%，这样才方便为绘制贴图颜色作参考。最后将图层锁定，以免编辑过程中不小心被拖动或编辑，如图3-27。

图 3-25 设置环境和效果

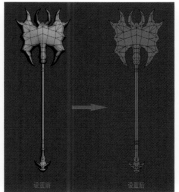

图 3-26 模型效果对比

图 3-27 对 UV 进行编辑前的设置

图 3-28 填充底色　　图 3-29 绘制大体色彩　　图 3-30 绘制结构细节　　图 3-31 绘制高光效果　　图 3-32 绘制划痕效果　　图 3-33 叠加材质效果

铁材质

金属材质

图 3-34 叠加铁材质与金属材质

图 3-35 UV 最终效果

（3）在绘制贴图时需创建新的图层，并将其放置在UV层之下。填充战斧各部分的颜色，以与原画中相近的颜色为标准，也可直接从原画中吸取颜色，以便准确地抓住物体色相，如图3-28。

（4）底色铺好以后，对战斧各部分明暗转折及基本色彩进行绘制，如图3-29。

（5）大体的色彩关系绘制完成后，开始进行细节结构绘制，如图3-30。选择合适的笔刷刻画质感，可使用减淡工具的高光模式来绘制金属的高光部分，如图3-31。

（6）深入刻画细节，如斧头的划痕，在绘制划痕时要注意划痕的合理性，如图3-32。

（7）贴图绘制的最后一步，叠加材质，丰富质感。斧头和斧身选择不同的材质叠加，斧头表面的寒铁选用质感粗犷、厚重一点的材质，斧身铜的质感选择表面相对光滑的材质。只有考虑全面，才能让武器的贴图更为真实，具有较高的可信度，如图3-33、图3-34。

（8）战斧最终完成效果，如图3-35。

本章小结

本章通过战斧武器的制作实例，主要讲解3D游戏美术中武器的制作流程、要求和规范。在战斧武器的制作过程中，我们全面分析了原画设定，了解了战斧武器在游戏中的类型和在运作过程中的作用，从而学会怎样节省模型资源，怎样合理分配UV，怎样表达贴图质感等制作技术和方法。

练习与思考

1.在制作游戏武器——战斧模型之前，应怎样分析游戏原画？

2.收集不同种类的武器参考图，并了解它们的属性和使用方法。

3.制作一个游戏武器，运用不同的建模方法对各部分进行建模，合理分配UV，绘制贴图。

CHAPTER 4

—

第四章

三维网络游戏
场景制作

要点导入

通过对更加复杂的游戏场景——驿站的制作流程的讲解和分析，我们继续深入学习原画分析、模型制作、UV编辑、贴图绘制4个方面的内容，掌握游戏场景制作的流程和方法，加深对三维游戏美术制作的认识和理解。驿站模型最终效果如图4-1。

图 4-1 驿站模型最终效果

第一节 驿站原画分析与模型制作

一、驿站原画分析

在三维游戏美术制作中，设计师必须要对原画的设计进行全面分析，才能准确地制作出合理的3D效果。

场景建筑——驿站，是古代专供传递文书者或来往官吏中途住宿、补给、换马的处所，是游戏的主城或各聚集点中常出现的建筑，是各城池之间传送信息或在游戏中接受任务的地方，如图4-2。从原画的风格中可看出，该建筑为汉代风格，高为两层，右侧带一个马厩，前面有一个旗杆，旗杆上挂着驿站所属城邦的图案和标记，整个建筑在结构上比较清晰，台阶、门窗和灯笼各处细节丰富。

驿站的组成部分大致可以分为基座、台阶、墙、门窗、旗杆和灯笼。场景的建模比较简单，可以直接用长方体挤压出大致结构，再增加线段进行调整。在游戏中，一般普通角色的高度为1.8m，驿站每层的高度为4.5m左右，建模时应注意整体结构的比例，如图4-3。

图 4-2 驿站原画

图 4-3 驿站与游戏角色的比例关系

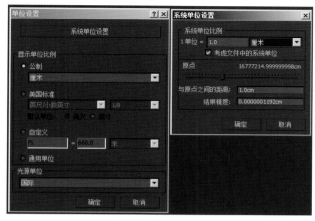

图 4-4 设置单位

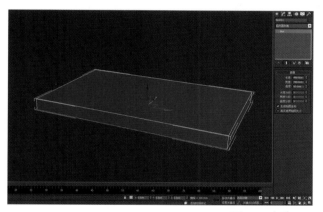

图 4-5 参数设置

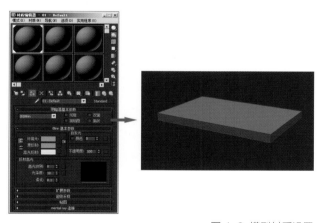

图 4-6 模型材质设置

二、驿站模型制作

（1）打开3ds Max软件，在菜单栏中选择"自定义—单位设置"，将显示单位和系统单位均设置为厘米，其他设置保持默认，如图4-4。

（2）在前视图中创建长方体，长度、宽度、高度分别为490 cm、750 cm、50 cm，长、宽、高的分段数统一为1，将坐标归零，如图4-5。

（3）为了在建模的过程中方便观察，我们通常会把模型的颜色改为默认材质的颜色，把线框颜色改为黑色。按<M>快捷键，打开材质编辑器，选择一个默认材质球，指定给模型，如图4-6。在修改面板中打开"对象颜色"，将线框颜色改为黑色，如图4-7。

（4）选择长方体模型，点击"转换为：转换为可编辑多边形"，然后在面的编辑模式下选择长方体的顶面，点击"倒角"命令，数值设为50，这样就制作出驿站的基座，如图4-8。

（5）点击"挤出多边形"命令，数值设为15，制作出驿站第一层墙体底座的高度，如图4-9。

（6）点击"插入"命令，数值设为8，制作出驿站第一层墙体的厚度，如图4-10。

（7）点击"挤出多边形"命令，数值设为150，制作出驿站第一层墙体的高度，如图4-11。

（8）点击"倒角"命令，数值设为0和118，制作出驿站第一层房顶的宽度，如图4-12。

（9）点击"挤出多边形"命令，数值设为15，制作出驿站第一层房顶的厚度，如图4-13。

（10）点击"倒角"命令，数值设为75和-140，制作出驿站第一层房顶的瓦的部分，如图4-14。

（11）驿站模型第二层与第一层结构类似，运用同样的方法制作出第二层的模型，注意把握好建筑的整体比例，如图4-15。

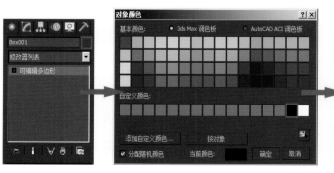

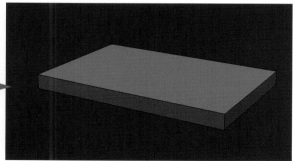

图 4-7 线框颜色设置

（12）运用"挤出"命令，挤出房顶的正脊并调整出结构，如图4-16。

（13）增加房顶的线段，调整出房顶瓦的结构，如图4-17。

（14）新建一个长方体，转换成多边形进行编辑，调整出屋顶垂脊的结构，如图4-18。

（15）每层房顶都有4个垂脊，将做好的垂脊模型复制并摆放在屋顶相应的位置上，如图4-19。

（16）创建一个圆柱体，设置半径为20，高度为12，分段数为1，边数为8，转换成多边形进行编辑，运用"倒角"和"挤出多边形"命令制作出房屋柱子的模型，如图4-20。

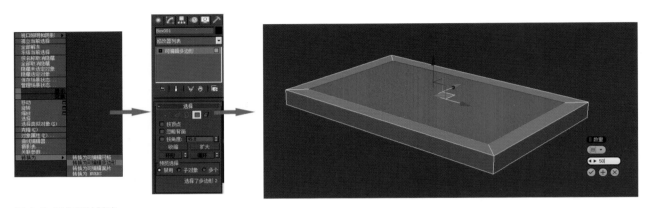

图 4-8 制作驿站基座

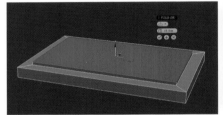

图 4-9 制作墙体底座的高度

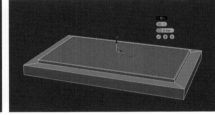

图 4-10 制作墙体的厚度

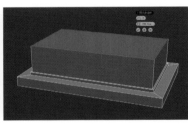

图 4-11 制作墙体的高度

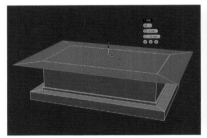

图 4-12 制作房顶的宽度

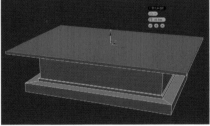

图 4-13 制作房顶的厚度

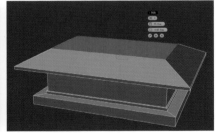

图 4-14 制作房顶的瓦

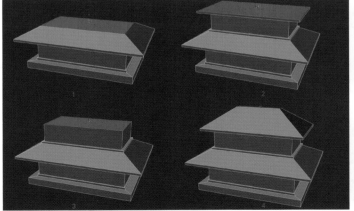

图 4-15 制作驿站第二层

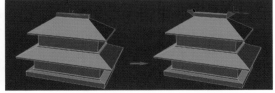

图 4-16 制作驿站的正脊

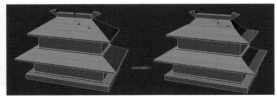

图 4-17 制作驿站顶部的瓦

（17）原画中驿站上下两层墙体的4个角都由柱子支撑，将做好的柱子摆放在建筑中相应的位置上，注意留出大门的位置，如图4-21、图4-22。

（18）创建一个六棱柱，转换成可编辑的多边形，对点进行编辑，制作出房檐下灯笼的模型主体，如图4-23。

（19）创建一个面片，复制成十字形状，放到灯笼的上方作为灯笼的绳子。这样我们就做好了一个完整的灯笼。（图4-24）

（20）将灯笼向下复制出两个，形成一组，如图4-25。如果在游戏中需要把灯笼进行骨架绑定，以方便调动作时使用，那么就需要保留单个形体。

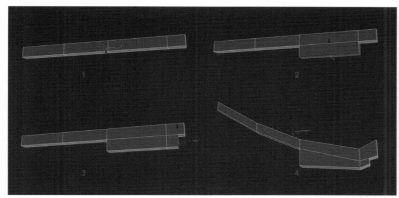

图4-18 驿站房顶的垂脊

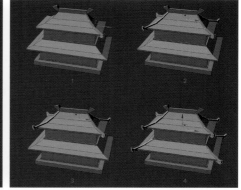

图4-19 摆放并调整垂脊

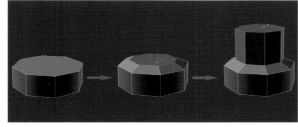

图4-20 制作驿站的柱子

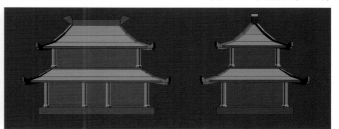

图4-21 摆放驿站正面和侧面的柱子

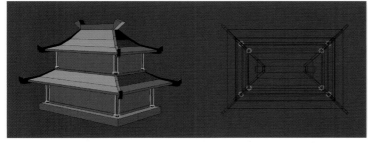

图4-22 调整柱子的位置

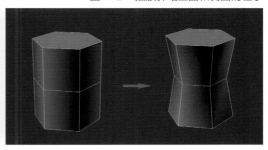

图4-23 制作灯笼主体

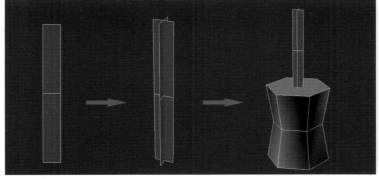

图4-24 制作灯笼的绳子

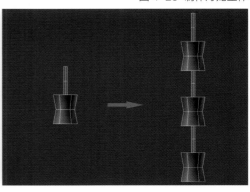

图4-25 制作一组灯笼

（21）参考原画，将成组的灯笼模型复制到建筑相应的位置上，注意大门两边的灯笼大一些，如图4-26。

（22）制作驿站门前的台阶。首先创建一个长方体作为台阶的两边，然后将它转换为可编辑的多边形，最后添加几条结构线调整出台阶的模型，如图4-27。

（23）用二维样条线勾出台阶梯子的轮廓，再运用"倒角"命令，制作出梯子模型，如图4-28。将梯子和台阶组合起来，最终模型如图4-29。

（24）运用前面建模的方法，依次制作出旗杆和马厩的模型，如图4-30、图4-31。

（25）整个场景模型制作完成后，要将场景的墙面部分单独分离出来，重新进行布线调整。对于墙面，我们要重复使用贴图，所以需要增加它的面数，如图4-32、图4-33。

（26）为了节省模型的面数，通常我们会把模型中看不到的面删掉，如模型底部的面，如图4-34。

（27）为了统一规范，最后把模型全部合并及坐标归零，放置在中心线以上，将模型命名为"场景_驿站"，如图4-35。

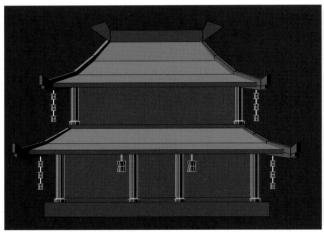

图 4-26 摆放驿站的灯笼

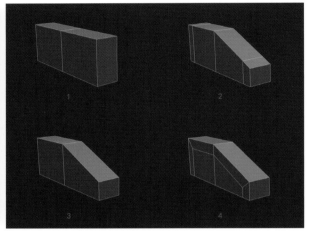

图 4-27 制作驿站的台阶模型

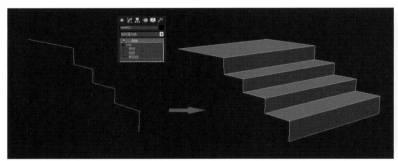

图 4-28 制作梯子

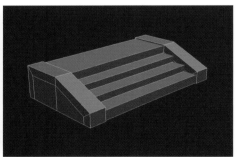

图 4-29 完整的台阶效果图

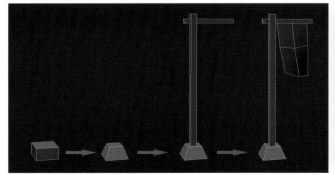

图 4-30 旗杆的制作流程

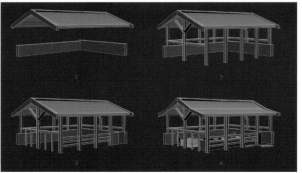

图 4-31 马厩的制作流程

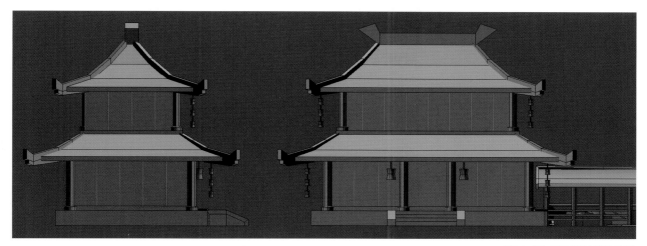

图 4-32 增加驿站墙的面数

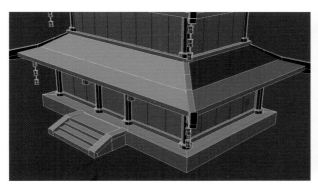

图 4-33 增加底座的面数

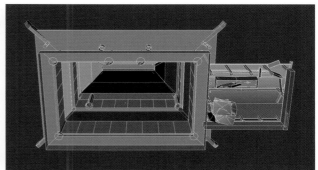

图 4-34 删除隐藏的面

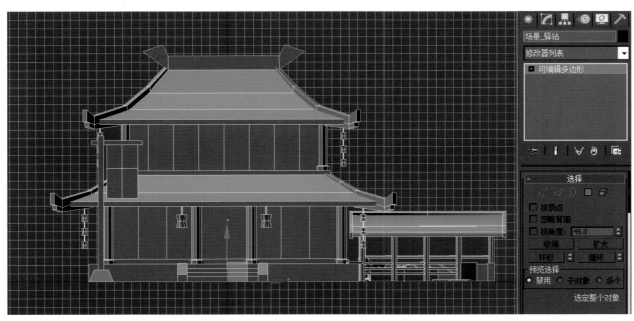

图 4-35 调整并命名

第二节 驿站模型 UV 编辑、贴图制作

一、场景贴图分析

在游戏的场景中，我们会根据具体情况分析模型的结构和材质，将具有相同元素的模型的贴图整合成一张或多张。因为有些贴图是可以重复使用的，能为整个游戏场景节约一些贴图资源。比如一个城池中普通建筑的瓦片、地面、墙面等贴图，若可以用在其他建筑上的，我们就会把它制作为四方连续或者二方连续的贴图，如图4-36、图4-37。

在驿站这个模型中，我们分为5张贴图，屋顶的瓦片为一张贴图，门窗、灯笼和旗面为一张贴图，马厩和旗杆为一张贴图，茅草为一张贴图，屋脊、台阶和墙面属于石头材质的为一张贴图，如图4-38所示。

二、原画与场景文件的拆分

这一步的目的是通过观察、分析，把相对复杂的原画拆分成若干部分。我们首先需要统计场景中出现的造型的数量和需要用到的贴图的数量，再通过对原画的分析，最后把这个场景分为以下几个部分。

1. 屋脊、台阶和墙面

分析上下两层屋脊的结构，其贴图的制作方法和建模的方法一样，可以只展开一部分模型的UV再复制出其他部分（如垂脊和台阶），台阶使用二方连续贴图，如图4-39。

2. 瓦片

分析屋顶瓦的结构，可将瓦的UV重叠在一起，为了其他建筑可共用，通常会将其UV制作成一张二方连续贴图，如图4-40。

3. 马厩和旗杆

马厩里的柱子和旗杆的结构类似，可以共用一张贴图，如图4-41。

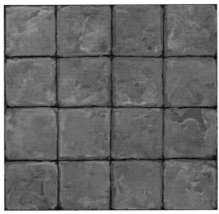

图 4-36 四方连续贴图　　　图 4-37 二方连续贴图

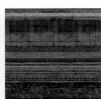

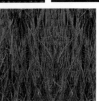

图 4-38 驿站贴图分类

图 4-39 屋脊、台阶和墙面的贴图分布图

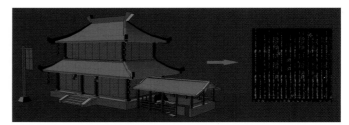

图 4-40 瓦的贴图分布图

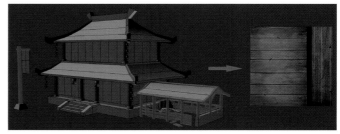

图 4-41 马厩和旗杆的贴图分布图

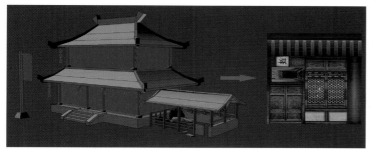

图 4-42 门窗、灯笼和旗面的贴图分布图

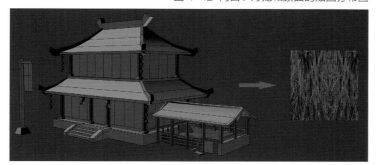

图 4-43 茅草的贴图分布图

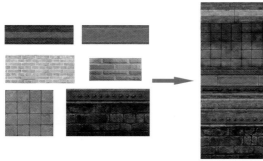

图 4-44 屋脊、台阶和墙面贴图

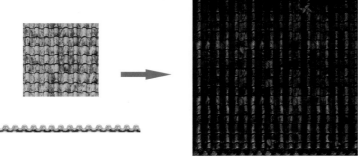

图 4-45 瓦片贴图

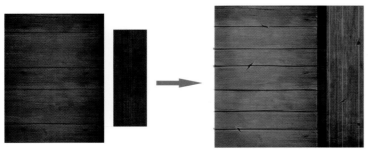

图 4-46 马厩柱子贴图

4. 门窗、灯笼和旗面

门窗、柱子的材质属性类似，将其分为一张贴图。窗户和灯笼都有相同的结构，可以只展开一部分UV，再复制出其他部分，如图4-42。

5. 茅草

茅草占的面积很小，单独分为一张带透明通道的贴图，如图4-43。

三、贴图的制作

在制作驿站的UV时，需要考虑共用的贴图，UV需要重叠在一起，并尽量调整UV的棋盘格为正方形，另外，要对UV进行合理的摆放。场景贴图的制作中，我们需要参考场景原画分析模型的面积大小和贴图的细节程度，从而确定每个部分贴图的大小与精度。模型的面积小，贴图细节较少，或者不需引人注意的部位应减少UV的面积，反之可以适当增加。

驿站属于古代偏写实风格的建筑，在制作贴图时，可以参考风格类似的图片素材或直接利用现有的贴图素材进行修改。

1. 屋脊、台阶和墙面

屋脊、台阶和墙面贴图的大小为512×512像素，制作时要注意石头和砖的质感，越靠近地面颜色越深，如图4-44。

2. 瓦片

瓦片贴图的大小为512×512像素，制作时要注意刻画瓦片上的青苔和残留的落叶，这会让贴图更加真实，如图4-45。

3. 马厩柱子

马厩柱子贴图的大小为256×256像素，制作时要注意木头的质感和木头上的凹痕，如图4-46。

4. 门窗、灯笼和旗面

门窗、灯笼和旗面贴图的大小为512×512像素，制作时要注意门窗破旧的痕迹、旗面的褶皱和墙面的污迹等细节，如图4-47。

5. 草

草的贴图的大小为256×256像素，采用透明通道处理，制作时注意贴图通道的处理要尽量自然，如图4-48。

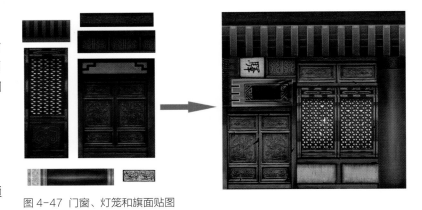

图4-47 门窗、灯笼和旗面贴图

四、UV 的制作

制作好贴图以后，我们要将其合理地摆放到模型上。因为有共用的连续贴图，所以不需要将UV全部都摆放在有效框以内，我们可根据需要将UV重叠或超出UV的有效框范围，只要模型上最终显示的贴图准确就可以了。

如果有对称的模型，可以只展开模型的部分UV，对称部分进行复制、粘贴即可。（图4-49至图4-53）

Alpha 通道

图4-48 草的贴图

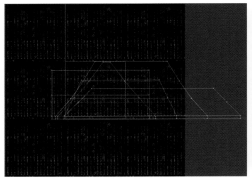

图4-49 瓦的 UV

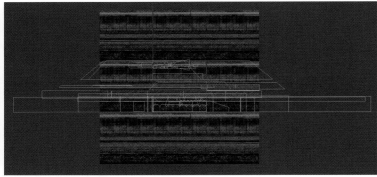

图4-50 屋脊、台阶和墙面的 UV

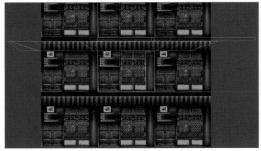

图4-51 门窗、灯笼和旗面的 UV

图4-52 马厩柱子的 UV

图4-53 草的 UV

五、多维材质的制作

为了方便管理，通常我们会将有多张贴图的场景模型创建成一个多维材质。

（1）按<M>快捷键，打开材质编辑器，点击"材质"选项，在弹出的面板中选择"多维/子对象"，如图4-54。

（2）"场景_驿站"共有5张贴图，所以将材质数量设置为5，并将命名后的贴图依次放进ID编号对应的子材质中，如图4-55。

（3）根据贴图对应的ID编号选择多边形，设置模型的ID编号。将瓦的模型ID编号设置为1，与贴图对应的ID编号统一，如图4-56。

（4）将门窗、灯笼和旗面的模型ID编号设置为2，与贴图对应的ID编号统一，如图4-57。

（5）将屋脊、台阶和墙面的模型ID编号设置为3，与贴图对应的ID编号统一，如图4-58。

（6）将马厩和旗杆的模型ID编号设置为4，与贴图对应的ID编号统一，如图4-59。

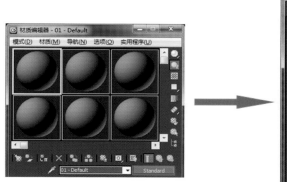

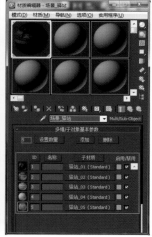

图 4-54 创建多维材质对话框　　图 4-55 设置多维材质数量

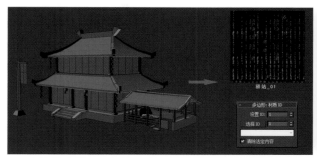
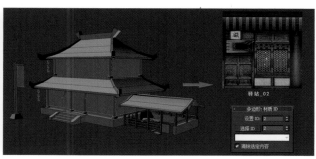

图 4-56 将瓦的贴图与 ID 编号对应　　　　　　图 4-57 将门窗、灯笼和旗面贴图与 ID 编号对应

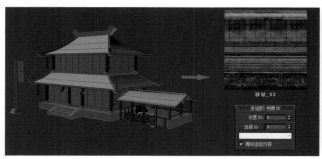
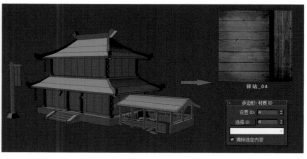

图 4-58 将屋脊、台阶和墙面贴图与 ID 编号对应　　　　图 4-59 将马厩和旗杆贴图与 ID 编号对应

（7）将草的模型ID编号设置为5，与贴图对应的ID编号统一，如图4-60。

（8）设置完成的效果如图4-61。

（9）最后，为了让模型更加真实合理，我们对模型的细节部分进行调整，使一些结构变得不规则，打破模型给人的呆板印象，使细节看起来更丰富，如图4-62、图4-63。

（10）"场景_驿站"的最终效果如图4-64。

本章小结

通过对驿站场景的实例制作，我们主要了解了三维游戏美术设计与制作中场景的制作流程、要求和规范。在驿站场景的制作过程中，我们全面分析了原画设定，了解了驿站在游戏中的用途，学会了合理划分多张贴图与分配UV，表现贴图质感，以及使用多维材质的方法与技巧。

练习与思考

1.在游戏场景制作中，为了节省资源，应将哪些地方的模型删掉？

2.在游戏场景制作中，如何分配多张贴图及怎样进行UV摆放？

3.在游戏场景制作中，如何使用多维材质？

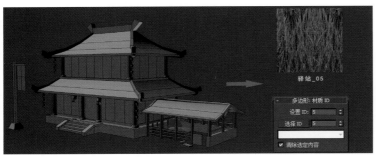

图 4-60 将草的贴图与 ID 编号对应

图 4-61 效果图

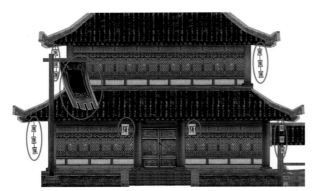

图 4-62 丰富驿站的细节

图 4-63 丰富马厩的细节

图 4-64 最终效果图

—

第五章

三维网络游戏
角色制作

要点导入

本章主要讲解3D游戏中最富有表现力的部分——游戏角色设计，以女性角色为例，分别讲述原画造型的设定分析、女性角色的模型制作、女性角色的UV制作、女性角色的贴图绘制，以及女性角色换装等知识。通过本章的学习，学生应掌握三维网络游戏中换装角色的制作方法和表现技法，加深对游戏的理解。模型效果如图5-1所示，角色的贴图绘制效果如图5-2所示。

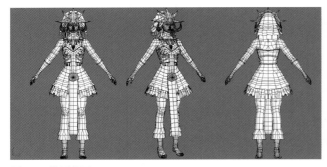

图 5-1 模型效果

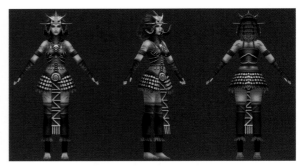

图 5-2 角色贴图绘制效果

第一节 角色设计及结构分析

在正式制作前，我们需要了解和分析角色的类型、服装配饰以及人物性格，结合原画给出的正侧面图以及部分重要配饰的结构分析图把握好角色的结构，需要分析如何优化角色模型的基本姿态和布线，从而有利于模型的绑定和动画制作。此外，我们还要注意策划人员给出的对模型面数的限制和其他要求。角色模型制作是一个承上启下的工作，既要尽量吻合原画又要有利于后续动画工作的开展。

在制作之前，我们应尽量利用网络资源和已有的模型库资源多收集素材，参考一些优秀的原画设定和游戏模型的表现方式。（图5-3、图5-4）

本案例制作的女性角色的标准设定文案如下（图5-5）：

图 5-3 游戏《永恒之塔》角色原画

图 5-4 游戏《永恒之塔》角色模型

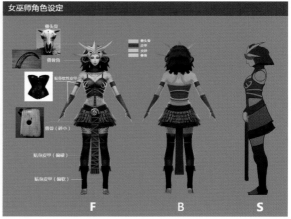

图 5-5 女性角色原画

背景：此角色为主角。

种族：魔族。

职业：祭司。

性格特征：内敛，寡言少语，散发出神秘气息。

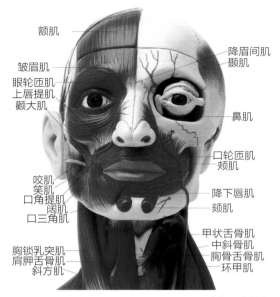

图5-6 头部肌肉结构

服装：皮甲和骨甲混搭，身体有部分文身，整体风格为欧美写实风格。

技能：法术系列技能。

第二节 角色头部模型制作

在分析好原画设定并且与动画制作人员有一定沟通以后，我们就可以开始制作角色模型了，通常游戏中的低模（低面数多边形模型）都是采用多边形（Polygon）建模来完成的。其好处在于这种建模方式从技术角度来讲比较容易掌握，在创建复杂表面时细节部分可以任意加线，在结构穿插关系很复杂的模型中能够体现出它的优势，并且适合于后续的动画工作。

以人体为例，通常采用头部—身体—四肢的建模顺序。这样可以在制作过程中对基本形体进行准确把握，并且对细节部位不断完善。

为了准确地把握角色结构，在制作之前我们可以参考一下人体肌肉结构图，如图5-6、图5-7。

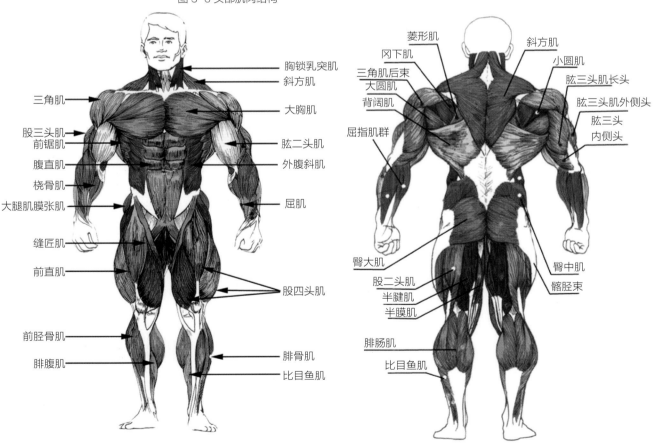

图5-7 身体肌肉结构

下面我们开始正式制作。

（1）打开3ds Max进入软件界面，在菜单栏选择"自定义—单位设置"，如图5-8（a）所示；将"显示单位比例"和"系统单位比例"设为"厘米"，其他设置保持默认不变，如图5-8（b）所示。

（2）在透视图中创建一个长度、宽度、高度分别为20cm、20cm、20cm的标准长方体，分段数分别设置为1，如图5-9（a）所示。按键盘<W>快捷键选中物体，将其坐标X、Y、Z分别设置为零，方便模型进入游戏后的定位，如图5-9（b）所示。按<M>快捷键调出材质编辑器，赋予模型一个灰色材质，如图5-9（c）所示。

（3）选中模型，点击鼠标右键选择"转换为：转换为可编辑多边形"选项，如图5-10（a）所示。进入多边形编辑面板，对模型的点、线、面进行编辑，如图5-10（b）所示。

（4）点击多边形编辑面板进入面级别，同时选择模型的顶面，点击"编辑多边形"中的"挤出"选项，创建出头的上半部分，如图5-11（a）所示。选择模型背面，用同样的方法挤出模型的后脑勺，如图5-11（b）所示。

（5）进入边级别，选择模型中横向的任意一条边，同时点击环形。这样，与其平行的边将全部被选中，如图5-12（a）所示。点击"编辑边"中的"连接"选项，在所有选中的边中切入一条等分的线，这样就对模型做了一个等分操作，如图5-12（b）所示。

（6）进入选择面板，利用点、线、面等选择方式，参考原画的脸部造型对模型进行调节，如图5-13（a）所示。按键盘上的<F>快捷键切换到前视图，按<Delete>键删掉模型的左半边，同时，在修改器列表中添加"对称"命令，如图5-13（b）所示。添加该命令以后再操作右边的模型，此时，左边的模型会进行同样的操作，达到事半功倍的效果，如图5-13（c）所示。

（7）选择点层级，在视图当中点击鼠标右键，在弹出的快捷菜单中选择"剪切"命令，如图5-14（a）所示。在后脑部分切出脖子的切口，并参考颈部

（a）"单位设置"选项
图5-8

（b）将单位改为"厘米"

（a）设置大小和分段数
图5-9

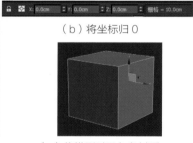
（b）将坐标归0

（c）将模型赋予灰色材质

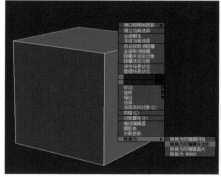
（a）将模型转换为可编辑多边形
图5-10

（b）进入多边形编辑面板

（a）执行面的"挤出"命令

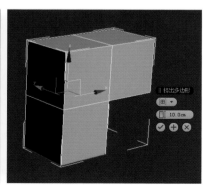
（b）挤出模型的额头和后脑勺部分
图5-11

结构调节定点，模型如图5-14（b）所示。

至此，头部模型的大致形体就做好了，接下来，我们需要继续深入细节，用更多的点、线、面来调节效果。

（8）使用"连接"命令，根据头部骨骼的造型变化及三庭五眼的位置关系，给模型增加眼部和口腔部分的布线，如图5-15（a）所示。进入顶点层级，在前视图和左视图上分别调整定点，使模型的外形尽量符合人体结构和接近原画的脸型，为后面添加五官做好铺垫，如图5-15（b）所示。

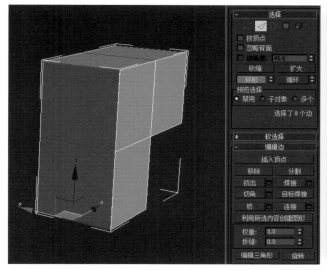

（a）利用"环形"命令选择边

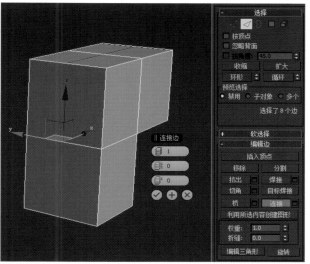

（b）加入一条中线

图 5-12

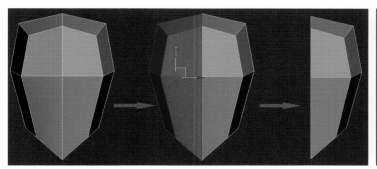

（a）调整模型结构

（b）添加对称修改器

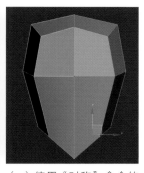

（c）使用"对称"命令的效果

图 5-13

（a）使用"剪切"命令

（b）调整出脖子的接口

图 5-14

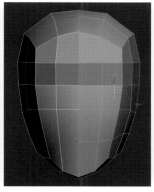

（a）增加眼部和口腔部分的布线

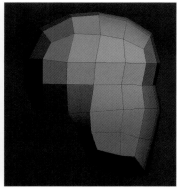

（b）调整面部结构布线后的效果

图 5-15

069

（9）进入顶点层级，选择模型后点击鼠标左键，在弹出的快捷菜单中选择"剪切"命令，根据女性的五官造型图对五官部位进行加线，线段尽可能简洁，定位出基本的嘴、眼、鼻等五官的位置，如图5-16所示。

（10）五官是头部制作的关键，需要仔细刻画。为了使嘴部结构更加丰富，可给嘴部模型增加线段，丰富嘴部的细节，如图5-17（a）所示。进入顶点层级，在前视图和左视图中分别调节顶点的位置，拉出鼻梁的高度以及双唇的落差，让嘴和鼻的布线有立体

感，使其外形尽可能符合原画中角色的脸型，如图5-17（b）所示。

（11）定位好嘴和鼻的位置以后，根据头部骨骼的形态及三庭五眼的位置增加眼部线段，进一步制作出眼部的细节，如图5-18（a）所示。加线时要注意各个视图中模型的点和线段的分布，避免出现五边和五边以上的面，如图5-18（b）、图5-18（c）所示。

（12）进入面层级，选中眼睛部分的所有面，点击"多边形"，选择"插入"命令，如图5-19（a）所示。给眼睛部分增加一条线段，然后调整眼部的布

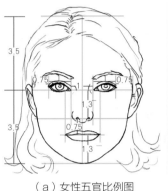

（a）女性五官比例图

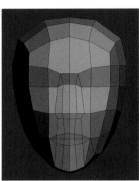

（b）刻画五官的基本造型

图 5-16

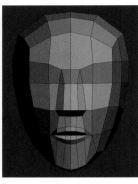

（a）丰富嘴部模型

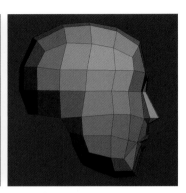

（b）从侧面调节五官的形体

图 5-17

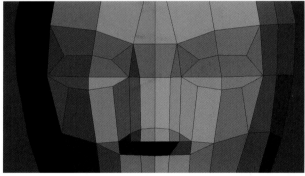

（a）增加眼部线段

图 5-18

（b）调节五官形体正面效果

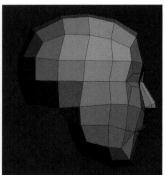

（c）调节五官形体侧面效果

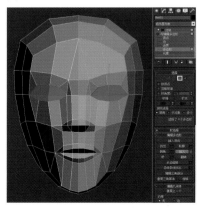

（a）使用"插入"命令

图 5-19

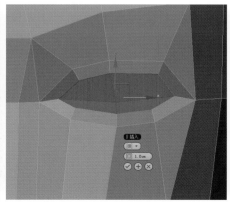

（b）增加眼部布线

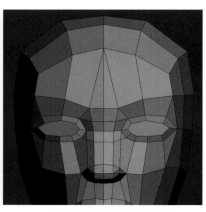

（c）调整后眼睛和鼻子的效果

线，如图5-19（b）所示。注意处理好眼睛和眉弓骨之间的转折关系，同时增加鼻梁和鼻尖部分的线段，丰富模型细节，如图5-19（c）所示。

（13）在透视图中利用"剪切"工具增加嘴部的布线，注意处理好嘴角、上嘴唇和下嘴唇的结构关系。拉出口轮匝肌的结构线，再给下巴加入一条线段，使下巴更加圆滑，如图5-20所示。

（14）在前视图和左视图中进一步调整五官的结构和位置关系，使其更接近原画中角色的脸型，效果如图5-21所示。

（15）对头部模型的细节进行整体调节和刻画，包括眼、耳、口、嘴、鼻、眉弓等。在制作中可以参考一些较好的头部骨骼和肌肉结构的图片来修改模型。注意按照游戏角色的布线规则来合理安排，避免五边面和链接时出现断点。

（16）利用"剪切"工具，为眼睛添加眼皮厚度的布线，如图5-22所示。同时对眼睛的侧面部位（鼻根、脸部、眉弓3个部位的交叉点是最能表现角色面部结构的关键部位）进行细节调整，效果如图5-23所示。

（17）在对眼部的调整基本完成后，结合原画设定的要求利用"剪切"命令对鼻子的造型进行细节调整。要控制好鼻头和鼻翼的关系，给鼻梁加入一条线段，丰富鼻梁侧面的曲线，如图5-24所示。

（18）调整角色嘴部模型的线框，添加一些新的线段来表现细节，并调整出唇珠的造型。调整时要注意与口轮匝肌的结构走向相统一，效果如图5-25所示。

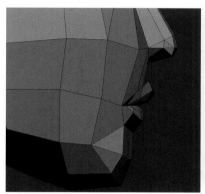

（a）调整嘴部

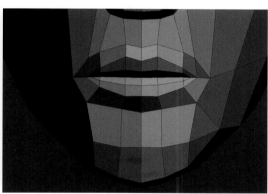

（b）调整下巴

图5-20

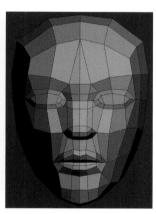

图5-21 五官调整后的效果

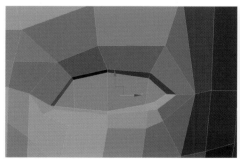

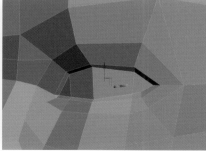

图5-22 增加眼皮厚度

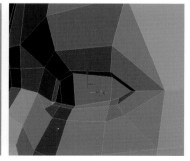

图5-23 调整眼部侧面造型

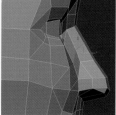

图5-24 调整鼻子结构

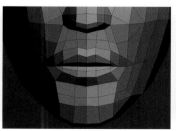

图5-25 嘴部模型调节效果

（19）根据原画的造型特点，从不同的视图角度对整个角色的头部结构进行细节调整，这里主要对角色的后脑勺和脖子部分进行形体的调整，如图5-26所示。

（20）在游戏角色的设计中，需要对嘴巴、鼻子和眼睛进行细节刻画。由于耳朵的结构过于复杂，且女性角色的耳朵常被头发掩盖，若用模型表现耳朵就会浪费大量的面，所以我们在制作耳朵时会选择相对简单的方法，即用贴图来表现耳朵的细节，如图5-27所示。

（21）在左视图中增加耳朵部分的细节线段，刻画出耳朵的基本形状。进入面层级，选中耳朵部分的模型，点击"编辑多边形"，选择"挤出"命令，挤出耳朵部分。保持耳朵面被选中的状态，把耳朵的

面稍微旋转，然后按照耳朵的形体结构调整对应的顶点，如图5-28所示。

（22）仔细对比原画，对模型的布线和结构进行检查，使其尽可能符合人体的头部结构，尽可能接近原画。在各视图中观察模型，对模型进行调整，可添加适当的布线丰富模型结构，效果如图5-29所示。

（23）选择完成的模型，进入点级别。选中模型所有的点，点击"编辑顶点"，选择"焊接"命令，焊接值调整为0.1，对所有的顶点进行一次焊接，以确保模型没有断开的点，如图5-30（a）所示。进入面层级，选择模型所有的面，点击"多边形属性"选项，将模型光滑组统一指定为1，这样模型会比较光滑，如图5-30（b）所示。最终效果如图5-31所示。

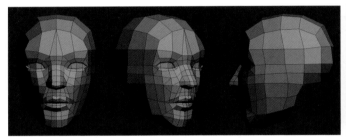

图5-26 头部整体调整效果

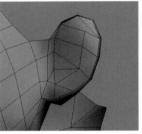
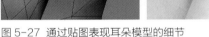

图5-27 通过贴图表现耳朵模型的细节

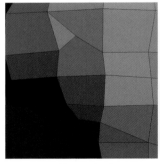
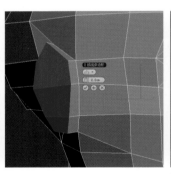

图5-28 制作耳朵部分

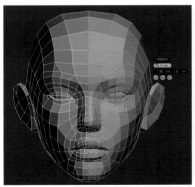

图5-29 对模型深入刻画后的效果

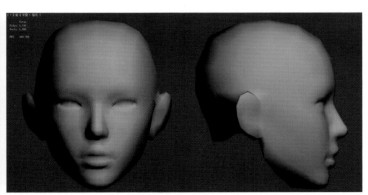

（a）焊接所有点　　　　（b）统一光滑组 图5-31 头部完成效果

图5-30

第三节 角色身体模型制作

上一节介绍了头部模型的制作方法，接下来将重点介绍女性身体部分的建模方法。女性身体部分是由女性裸模和装备两个部分组成。在制作角色裸模的时候，要以女性角色的身体结构为准，合理布线。在制作装备模型时，不必过于考虑模型细节，只需把握好模型的大关系，与原画一致即可，细节主要靠贴图表现。模型的布线结构尽量与裸体模型的布线一致，在深入制作的同时，还要多注意游戏模型制作的一些基本要求和技巧，并考虑建模的方式是否有利于后期模型的绑定。

一、角色身体结构分析

我们在开始制作身体模型之前，要先对人体的肌肉骨骼和躯干的基本结构进行详细的了解，这样才能在角色模型制作中正确把握好人物的造型，如图5-32所示。

在制作女性角色时，要注意其与男性形体结构的差别，仔细分析头部和躯干部分的比例关系。在游戏的制作中，我们通常会对形体进行夸张和变形，前提是要遵循最基本的人体结构比例，如图5-33所示。

此外，要经常观察和了解人体比例结构及身体各部分的关系，以便更好地理解身体关节的动态，为后期的模型绑定和动画调节提供依据，女性角色的动态结构如图5-34所示。

学习这些人体的基本知识以后，我们需要结合原画做一些分析。首先要分析原画的形体比例，其次需要考虑角色身上的装备与装饰配件的关系（图5-35），这将直接影响后面的建模工作。下面我们就开始对角色身体部分进行制作。

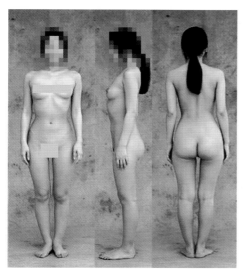 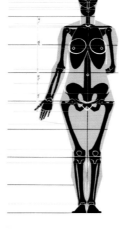

图 5-32 女性人体结构　图 5-33 女性基本形体结构图

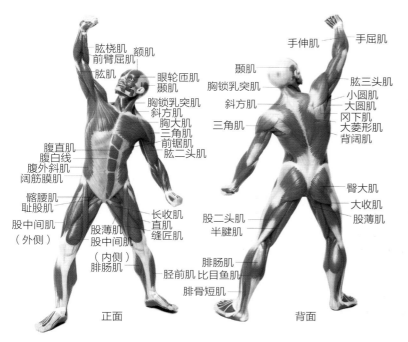

图 5-34 人体动态结构

图 5-35 角色原画比例分析

073

二、身体模型的制作

1. 躯干的制作

首先制作身体的躯干部分，躯干和头部的大小比例一定要合适。

（1）参考头部模型的大小，在透视图中创建一个长宽高分别为50cm、50cm、80cm的长方体，模型分段数为1，如图5-36（a）所示。然后点击"选择并移动工具"，将长方体放在头部以下接近躯干的位置，如图5-36（b）所示。为了不干扰身体部分的制作，选择头部模型后点击鼠标右键，选择"隐藏选定对象"将头部隐藏，这样便于我们制作身体模型，如图5-36（c）所示。

（2）选择长方体，点击鼠标右键，选择"可编辑多边形"，然后点击"细分曲面"，勾选"使用NURMS细分"，将"迭代次数"改为2，这时模型变得比较圆滑，如图5-37（a）所示。将其塌陷，点击右键，重新选择"转换为：转换为可编辑多边形"，这样可形成女性角色胸腔的一个初模，如图5-37（b）所示。

（3）进入左视图，选择胸腔模型，进入点层级，点击"软选择"后勾选"使用软选择"，然后调整"衰减"的参数为20，如图5-38（a）所示。此时被选择的点会出现一个衰减区，红色代表绝对控制，颜色越冷控制力度越弱。利用这个功能对模型进行定点调节，从而形成身体侧面的一个厚度，如图5-38（b）所示。

（4）调整好侧面的基本型以后，再从正面调节角色身体的基本结构。由于人体是左右对称的，因此和头部一样，我们利用"对称"功能建模可起到事半功倍的作用。进入模型面级别，选中整个左边的模型，按<Delete>键删除左边模型，如图5-39（a）所示。进入修改器列表，为模型添加"对称"命令，如图5-39（b）所示。

（5）在正视图和左视图中对模型进行调整，初步调节出胸腔、腰部、臀部的线条感，可以适当多加一些线段。注意把握好女性角色躯干的美感度和形体的变化，如图5-40所示。

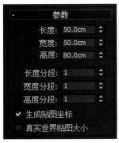  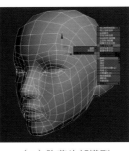 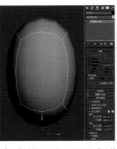 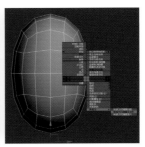

（a）设置方体初始参数　（b）调整方体位置　　（c）隐藏头部模型　　（a）使用NURMS细分　（b）塌陷为可编辑多边形

图5-36　　　　　　　　　　　　　　　　　　　　　　　　　　图5-37

 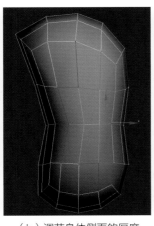 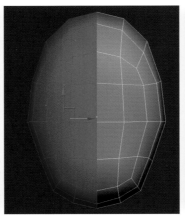 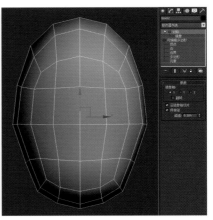

（a）使用软选择　　（b）调节身体侧面的厚度　　（a）删除左边模型　　　　　　（b）添加"对称"命令

图5-38　　　　　　　　　　　　　　图5-39

（6）调整好角色的基本身形后，结合身体各部位的切线，在透视图中利用剪切工具为角色的肩膀部位添加边，并调节相应的顶点，初步编辑出肩膀的横截面，如图5-41（a）所示。利用相同的方法制作出颈部的横截面，如图5-41（b）所示。

（7）臀部、腹部以及腿部的交接处结构比较复杂，为了能准确地表现结构，我们需要找一些人体结构图进行参考，如图5-42（a）所示。在调节的过程中，需在前视图和侧视图中不断观察，注意臀部曲线的美感。角色的双腿应尽量分开，便于动画的调节和后期做蒙皮绑定时的权重设置，如图5-42

（b）所示。

在各视图中对身体的细节部分进行刻画，按照人体曲线的走向调整上半身的顶点以及角色的身体外形。现有的模型布线已经不能满足模型细节的制作要求了，我们需要进一步在角色的胸部和背部增加边来刻画细节。

（8）选择模型，进入点级别，利用剪切工具为胸部添加环形布线，如图5-43（a）所示。进入侧视图，从侧面初步调整胸部的曲线，如图5-43（b）所示。调节背部的顶点，让模型更接近人体背部的肌肉结构，如图5-43（c）所示。

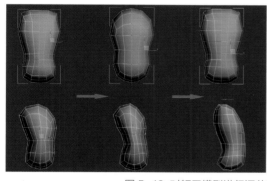

图5-40 对躯干模型进行调节

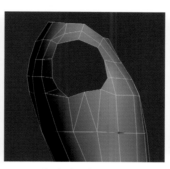

（a）肩膀接口调节

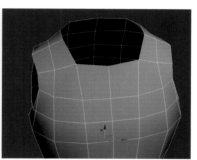

（b）颈部接口调节

图5-41

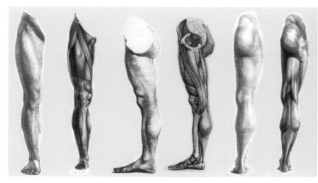

（a）人体腿部结构图

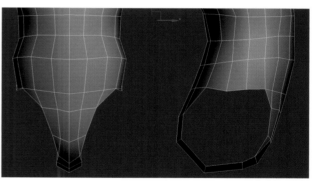

（b）腿部模型接口调节

图5-42

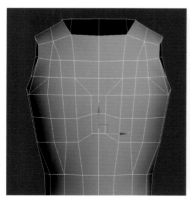

（a）为胸部添加布线

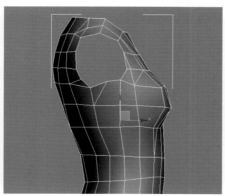

（b）从侧面调节胸形

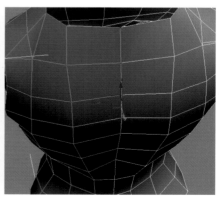

（c）调节背部结构

图5-43

（9）女性的胸部模型是整个女性角色制作中比较重要的环节，需要继续增加模型布线来调整胸部结构，调整时应从不同角度去观察，注意女性胸形的美感。调整效果如图5-44所示。

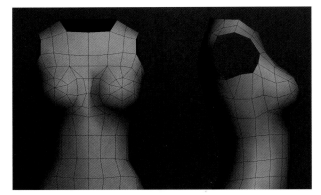

图 5-44 女性胸部模型效果

背部的模型在三维制作中通常不容易受到重视，但是对于第一人称游戏的主角来说，背面非常重要，因为在游戏操作的过程中主角背对玩家的时间较多。

（10）进入后视图，对模型进行剪切操作，如图5-45（a）所示。按照人体背部肌肉结构调整背部布线。一般来说女性背部比男性背部肌肉柔和，在调节的过程中应充分考虑这一点，效果如图5-45（b）所示。

调整好女性躯干的顶点后，得到一个比较完整的上半身模型。接下来，对颈部进行制作，制作中应注意将颈部和头部进行无缝对点连接。

（11）点击模型，进入边层级，选择颈部接口的边，按住<Shift>键，从颈部接口直接拉出边，如图5-46（a）所示。对颈部模型进行环形连接，连接两圈环形线，按照人体颈部结构调整顶点，如图5-46（b）所示。

（12）颈部模型做好以后，需要对头部进行无缝对点连接。取消对头部的隐藏，鼠标右键点击"捕捉开关"，弹出的"栅格和捕捉设置"菜单栏中勾选"顶点"选项，如图5-47（a）所示。保持"捕捉开关"的按下状态，选择颈部模型的顶点以对头部的接口进行捕捉连接，如图5-47（b）所示。

2. 手臂的制作

现在，我们开始拉伸手臂部分的边，对手臂的结构进行调整。

（1）进入边级别，选择肩膀接口，按住<Shift>键，从肩膀接口处直接拉出边，如图5-48（a）所示。选择拉出的手臂模型，对手臂模型进行环形连接，连接出上臂和下臂的结构线，如图5-48（b）所示。

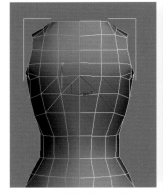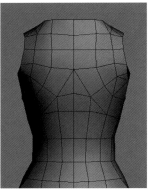

（a）增加背部布线　　　（b）调整背部布线结构

图 5-45

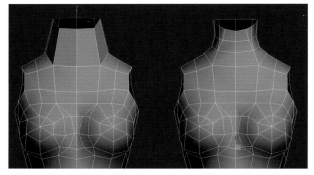

（a）拉出颈部结构　　　（b）调节颈部布线结构

图 5-46

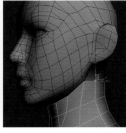

（a）使用点捕捉　　　（b）连接头部与颈部

图 5-47

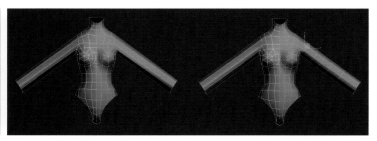

（a）拉出手臂模型　　　（b）链接手臂结构线

图 5-48

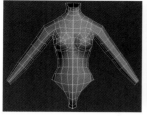
（a）手臂结构调节

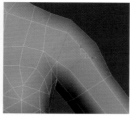
（b）调整三角肌结构

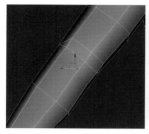
（c）调整肘关节

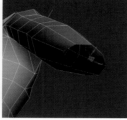
（d）调整手腕接口

图5-49

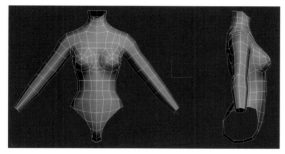
图5-50 手臂完成效果

（2）进入点级别，在前视图中调整手臂的整体姿态，同时配合缩放工具对手臂模型的各段关节线的粗细进行调节，调节时应注意上臂和下臂长度的比例，以及整个手臂线条的美感，如图5-49（a）所示。给肩膀加线，调整出三角肌的结构，如图5-49（b）所示。给肘关节加线，如图5-49（c）所示。调整细节以丰富手臂的结构，同时调整手臂和手掌的接口，为后面制作手掌做好铺垫，如图5-49（d）所示。

（3）按照人体手臂结构对手臂模型进行深入调节，效果如图5-50所示。

3. 手掌的制作

手掌是整个角色模型中结构最复杂的部分，俗话说"画鬼容易画手难"，可见手的制作是相对其他部分比较复杂的，在制作写实角色时应注意手掌和头部的比例。

在游戏制作中，角色不同，制作方法就不同。为了节省面数，普通NPC角色（非玩家控制角色）和普通小怪一般只做拇指，其他4根手指合为一体，细节靠贴图来表现，如图5-51所示。主角和重要的NPC以及终极怪物，因为比较重要，数量也较少，会把5根手指都做出来，如图5-52所示。

下面我们来制作手掌。

（1）在透视图中创建一个长宽高分别为18cm、25cm、5cm，分段数分别为4、3、1的长方体，如图5-53所示。

（2）从各个视图不断观察，按照手掌形体的结构对模型进行调节。注意调节出手掌与手指连接部分的曲线，为手指的挤出打好基础，如图5-54所示。

（a）普通角色手掌模型

（b）普通角色手掌效果

图5-51

（a）特殊角色手掌模型

（b）特殊角色手掌效果

图5-52

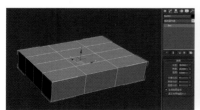
图5-53 创建长方体

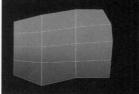
（a）手掌正面

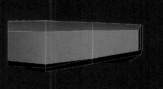
（b）手掌侧面

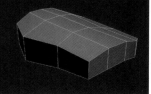
（c）手掌透视图

图5-54

（3）进入面级别，选择手指接口处的面，点击"编辑多边形"中的"挤出"，将手指模型挤出。为了能将挤出的4根手指分开，注意在"挤出多边形"面板下的"挤出类型"中选择"按多边形"，如图5-55所示。

（4）根据人体的手指结构，对手指模型的外形进行调节，对手指进行环形连接，加入两条线段，将手指分为3段，并调整手指的姿态，如图5-56所示。

（5）利用"剪切"工具对手掌进行加线，调整出拇指关节处的结构线，如图5-57（a）、图5-57（b）所示。相对于其他手指，拇指关节的接口处是倾斜的。选择拇指接口的面，利用"旋转"工具，对面进行旋转，如图5-57（c）所示。

（6）对拇指进行"挤出"操作，并加线调整好拇指的结构。最后对整个手掌模型进行整体调节，调整时应注意女性手掌和男性手掌的区别，如图5-58所示。

（7）利用"旋转"工具，将手部模型调整至合适位置，配合三维"捕捉开关"，在"栅格和捕捉设置"下进行调整，对手部和手臂模型的接口进行无缝对点连接，如图5-59所示。

对手部模型进行加线，调整出腕关节的结构，效果如图5-60所示。

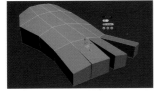

图 5-55 挤出手指

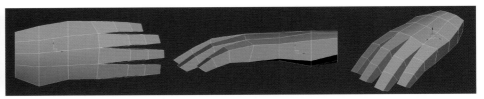

（a）手指正面　　　　（b）手指侧面　　　　（c）手指透视图

图 5-56

（a）拇指关节正面　　　（b）拇指关节底面　　　（c）旋转拇指接口　　图 5-58 手掌模型完成效果

图 5-57

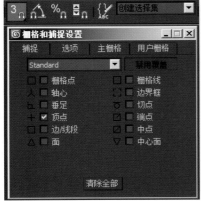

（a）使用捕捉工具

图 5-59

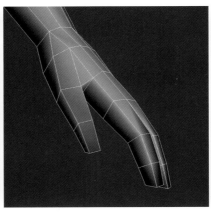

（b）连接手部接口

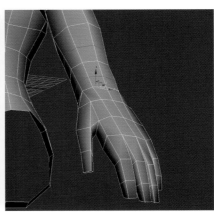

图 5-60 调节腕关节

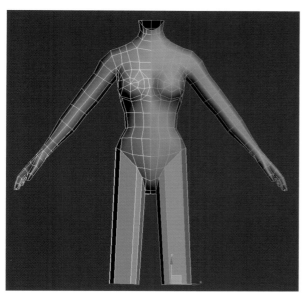

图 5-61 生成腿部模型

4. 腿部的制作

（1）进入边级别，选择腿部接口，配合<Shift>键将腿部模型拉出，如图5-61所示。

（2）对腿部模型进行环形加边，添加更多的线段来制作出腿部的曲线。进入点级别，对整个腿部的结构进行调节。调节过程中应注意大腿、小腿的比例，以及髋关节、膝盖、踝关节处的结构，在前视图和侧视图中不断切换着观察。效果如图5-62所示。

（3）利用"剪切"工具，参考臀部肌肉结构对臀部模型进行加线调节。臀部是身体曲线中比较突出的一个部分。我们需要在不同的视图中对模型进行精确调节，尽量多参考一些结构资料和图片，如图5-63所示。

（4）对膝盖和小腿模型进行加线，刻画出膝盖模型的结构感，如图5-64所示。

（5）腿部模型完成效果如图5-65所示。

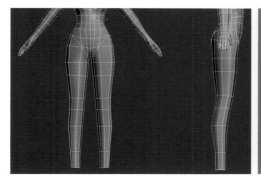

图 5-62 腿部模型调节

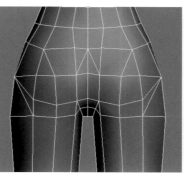

图 5-63 臀部正面、侧面效果

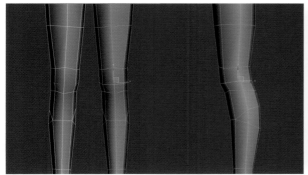

图 5-64 膝盖和小腿正面、侧面效果

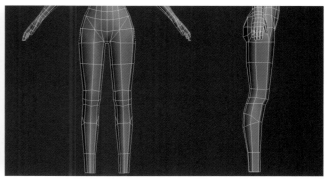

（a）腿部正面完成效果　　（b）腿部侧面完成效果

图 5-65

5. 脚掌模型制作

在游戏角色制作当中，脚部模型是最容易被忽视的地方。在网络游戏中，无论是2.5D游戏还是3D的全视角游戏，几乎都是俯视的角度。脚的部分就显得没那么重要。但是优秀的角色模型，其整体的完整性是必要的。

和手掌模型一样，不同角色的脚部，通常制作方法也不一样。为了节省面数，普通NPC角色和普通小怪一般不做脚趾，细节靠贴图表现，如图5-66所示。主角和重要的NPC以及终极怪兽，比较重要且数量也较少，通常会把5根脚趾做出来，如图5-67所示。

（1）在透视视图中创建一个长宽高为55cm、20cm、10cm，分段数为3、4、1的长方体，如图5-68所示。

（2）选择创建出来的长方体，进入点级别。进入侧视图，按照人体脚掌侧面的造型对脚掌模型进行调节。注意脚部每个骨点的大体结构关系，如图5-69

（a）所示。进入前视图，调节脚掌和脚趾的几个接口，如图5-69（b）所示。进入透视视图，对脚部模型的各个顶点进行调节，让模型更接近脚部的肌肉结构，如图5-69（c）所示。

（3）进一步调节模型的顶点，使其圆滑，更接近脚掌部分的肌肉结构。进入面级别，选择脚掌模型和腿部的接面，按<Delete>键删除，制作出脚部模型的接口，如图5-70所示。

（4）进入模型面级别，选中脚趾接口处的5个面，点击"编辑多边形"，点击"挤出"命令，在弹出的对话框中选择"按多边形"，分别挤出5个脚趾，如图5-71所示。

（5）挤出脚趾模型后，按照正常人体脚趾的结构，调整脚趾模型的姿态，如图5-72（a）所示。对5根脚趾模型进行环形加线，在透视图中通过对顶点的调节细化脚趾模型的结构，如图5-72（b）所示。

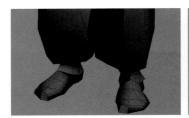

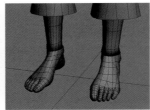

图 5-66 普通角色脚部模型效果

图 5-67 重要角色脚部模型效果

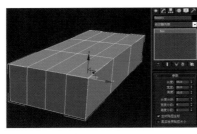

图 5-68 创建基础方体

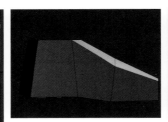

（a）脚掌侧面模型

图 5-69

（b）脚掌正面模型

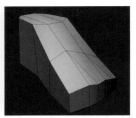

（c）脚部模型效果

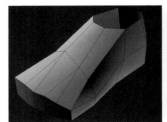

图 5-70 制作脚部的接口

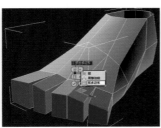

图 5-71 挤出脚趾模型

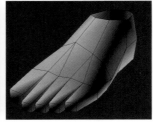

（a）调整脚趾形态

图 5-72

（b）细化脚趾模型

 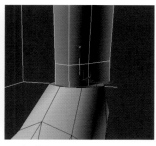

（a）显示出腿部模型接口　（b）拉出脚部接口处模型

 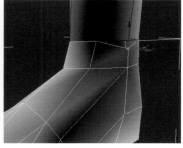

（c）设置捕捉开关　　　　（d）连接腿部和脚部模型

图 5-73

 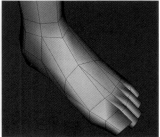

图 5-74 脚部模型完成效果

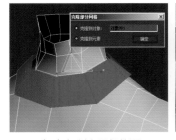 

（a）复制出颈部的面　　　（b）复制出手臂的面

（c）复制出胸部的面　　　（d）复制出腰部的面

图 5-75

（6）点击鼠标右键后选择"全部取消隐藏"，显示出腿部模型，如图5-73（a）所示。选择边层级，选中腿部接口的边，配合<Shift>键拉出一段模型以连接脚掌模型，如图5-73（b）所示。在"捕捉开关"上点击鼠标右键，在弹出的栅格和捕捉设置菜单栏中勾选"顶点"选项，如图5-73（c）所示。利用"顶点捕捉"对腿部和脚部模型进行无缝连接，如图5-73（d）所示。

（7）整体调节脚部模型，使其更符合人体脚部肌肉结构，完成效果如图5-74所示。

6. 装备模型制作

我们先制作上半身的装备模型。上半身的装备一般都比较贴身，模型没有太大的起伏变化，在游戏低模制作中，为了节约资源通常都采用贴图表现的方法，不会过多地处理模型。

（1）选中裸体模型，通过对模型上面固有的面进行复制来制作出上身的配饰。分别选中颈部、手臂、胸部、腰部的面，配合<Shift>键拖动出项链、臂环、骷髅配饰和腰部吊坠的面，如图5-75所示。

（2）选中复制出的面，对其进行精确调节。注意参考原画，使面的大体形状与原画尽量吻合，如图5-76所示。

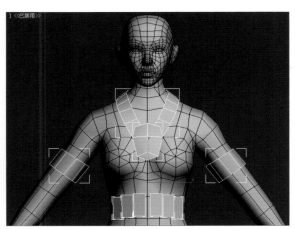

图 5-76 上半身配饰制作效果

（3）选中腰部的环形面，使用"缩放"工具，配合<Shift>键对腰部模型进行复制，形成制作围裙所需要的面，如图5-77（a）所示。调整围裙模型的顶点，使其布线更加合理，如图5-77（b）所示。

（4）选中围裙模型下面的边，使用"移动"工具，配合<Shift>键继续对围裙模型进行复制，并参考原画调整模型的造型，使其与原画更加吻合，如图5-78（a）所示。接着给模型加入一段环形线，便于后期绑定。利用同样的方法，复制出裙摆部分的模型，并且给出相应的线段，便于后期制作裙摆动画，如图5-78（b）所示。

（5）选择小腿模型的面，点击"编辑几何体"中的"分离"，在弹出的窗口中勾选"以克隆对象分离"，这样可以对小腿部分的面进行分离并且复制，如图5-79所示。

（6）利用"缩放"工具调整复制出来的面，形成裤脚部分绒毛的模型，并根据原画造型对其进行调节，如图5-80所示。

（7）选择小臂及其以下的手部模型的所有面，进入"编辑几何体"面板，点击"分离"，不勾选弹出对话框中的所有选项，对模型进行分离操作，制作出手套模型，如图5-81所示。

（8）选中手套模型最上面的边，通过"缩放"工具对其进行调节，如图5-82（a）所示，并对其进行封口操作，如图5-82（b）所示。

（9）选中头部模型中的部分面，利用"缩放"工

（a）复制出围裙模型

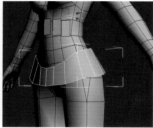
（b）调整模型布线

图5-77

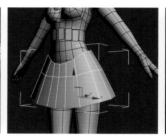
（a）复制围裙下面的模型

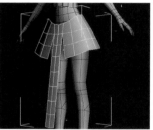
（b）制作出裙摆模型

图5-78

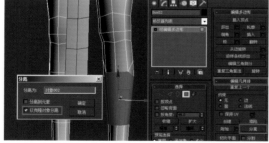
图5-79 对小腿模型的面进行分离

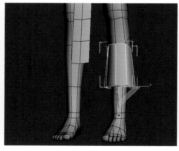

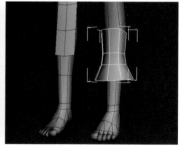
图5-80 调整裤脚绒毛模型

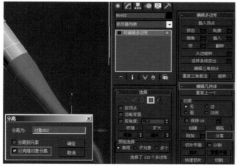
图5-81 分离出手套模型

（a）调节手套的端口

（b）进行封口操作

图5-82

具配合<Shift>键，在弹出的对话框中选择"克隆到对象"，复制出头发的基础模型，如图5-83（a）所示。选择头发模型底面的边，利用"移动"工具配合<Shift>键，拉出一段面作为头发，如图5-83（b）所示。

（10）进入点级别，选择头发模型末端的点，进入"编辑顶点"面板点击"断开"按钮，对模型末端的顶点进行断开操作，参考原画调整出头发凌乱的感觉，并对其进行复制，如图5-84（a）所示。重复利用此方法，制作出整个头发模型蓬松的感觉，如图5-84（b）所示。

（11）选择额头部分的面，利用移动工具配合<Shift>键，复制出初始的头饰模型，如图5-85（a）所示。选中边缘的面，配合<Shift>键拉出头饰的尖角，根据原画调整尖角的造型，如图5-85（b）所示。这时现有的顶点已经不能满足我们对模型深入加工的要求，我们需要加入更多的点和线，参考原画，进一步制作出头饰模型，如图5-85（c）所示。

（12）在透视图中创建一个圆环作为耳环模型，参数如图5-86（a）所示。调节圆环的位置，使其尽量和原画一致，如图5-86（b）所示。

（13）在透视图中创建一个圆柱体作为犄角的基础模型，参数设置如图5-87（a）所示。切换到侧视图，在"创建面板"中点击"图形按钮"，选择"线"，按照原画犄角的走向创建一根样条线，将创建好的样条线放置到圆柱体的一端，如图5-87（b）所示。

（14）选中圆柱体的底面，进入"编辑多边形"面板，选择"沿样条线挤出"命令，在弹出的对话框

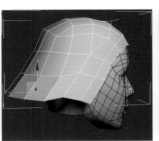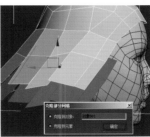

（a）复制头发基础模型　　（b）拉出头发模型　　（a）复制并制作出有层次的头发（b）制作出头发模型蓬松的感觉

图 5-83　　　　　　　　　　　　　　　　　　　　　　　　　　　　　图 5-84

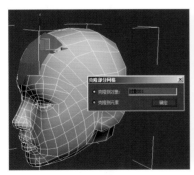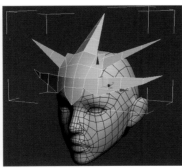

（a）复制出头饰模型　　　（b）拉出头饰的尖角　　　（c）头饰完成效果

图 5-85

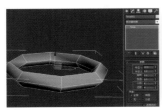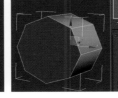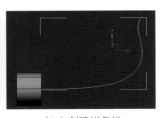

（a）创建圆环　　　（b）调整耳环模型位置　　　（a）创建圆柱体　　　（b）创建样条线

图 5-86　　　　　　　　　　　　　　　　　　　　　　　图 5-87

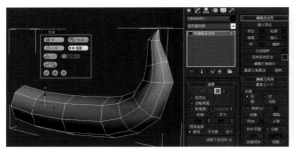

图 5-88 制作出犄角模型

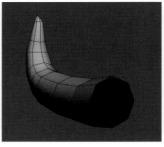

（a）删除端口的面

（b）犄角模型完成效果

图 5-89

图 5-90 整体模型正面及侧面线框效果

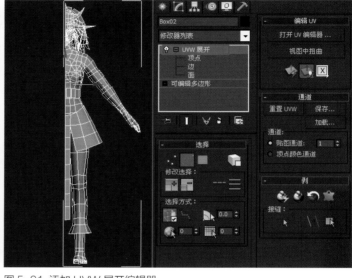

图 5-91 添加 UVW 展开编辑器

中选择"拾取样条线"的同时点击样条线，对犄角模型进行沿样条线挤出的操作，同时设置分段数为8，锥化量为-1，锥化曲线为1，效果如图5-88所示。

（15）将犄角模型的底面删除，如图5-89（a）所示。根据原画犄角的造型对模型进行精确调节，为了造型需要，可适当补充线段。调整完毕后，参考原画的造型将模型摆放在合适的位置，效果如图5-89（b）所示。

（16）最后结合原画的设定，从整体上对模型进行结构的细节调整，至此，一个低面数的写实角色的模型就制作完成了。完整女性角色的模型线框及侧面线框效果如图5-90所示。

第四节　角色 UVW 制作

　　整个角色的模型制作完成之后就可以开始进行UVW的编辑了。UVW的处理是非常重要的一个环节，是连接模型和贴图的"桥梁"。UVW处理不好，可能导致贴图的拉伸变形，错误的UVW甚至可能导致贴图绘制重复返工。所以在编辑UVW时应尽量严谨。

　　编辑UVW时要根据角色贴图一体化的特点和规范，处理好身体各部分结构之间的UVW空间分配比例，这对后期贴图细节的制作有非常重要的意义。

一、模型材质制作

　　通过分析原画我们可以得出一个结论，原画的身体和装备都是左右对称的。因此我们在进行UVW的制作时，只需要制作身体和装备的一半。

　　（1）切换到前视图，选择角色模型，进入模型的面级别，按<Delete>键删除左边的模型，选择剩下的一半模型，在修改器列表下添加"UVW展开"，如图5-91所示。

　　（2）单击工具栏中的"材质编辑器"，或者按键盘上的<M>快捷键进入材质编辑器界面。选择一个空白的材质球，单击"漫反射"颜色框左侧的方块，从弹出的"材质/贴图浏览器"对话框中选择"棋盘格"选项，给角色模型添加一个棋盘格材质，作为检测UVW是否展平的依据，如图5-92（a）所示。点击该材质，进入"坐标"栏，将瓷砖的U改为5，V改为5，并将材质赋予角色模型，如图5-92（b）所示。

二、编辑头部 UVW

编辑头部UVW的时候，我们首先分别为头部正面和侧面模型指定平面坐标，然后进行编辑操作，最后进行融合操作。

（1）先将头部模型独立出来，单独添加"UVW展开"。选择UVW的面级别，选择脸部正面的UVW，进入"投影"面板，选择平面投影，对头部模型面部进行Y轴向映射，如图5-93所示。

（2）点击"打开UV编辑器"，进入"编辑UVW"面板，选择UVW的"缩放"工具，对UV进行横向的缩放调整，直至头部模型上的棋盘格为正方形，如图5-94所示。

（3）选择UVW的点级别，选中侧面和下巴重叠在一起的点，点击"工具"，选择"松弛"，在弹出的对话框中选择"由面角松弛"，点击"开始松弛"，对重叠在一起的点进行放松，如图5-95所示。

（4）选择头部模型侧面脸以及后脑勺部分的UVW，对其进行沿X轴的面投影，如图5-96（a）所示。切换到点级别，对其进行放松，效果如图5-96（b）所示。

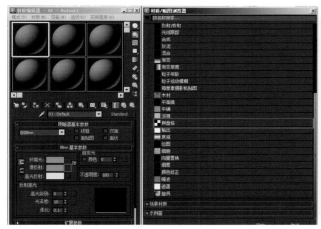

（a）添加棋盘格材质

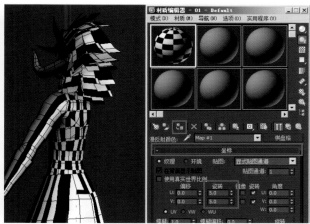

（b）设置棋盘格平铺参数

图 5-92

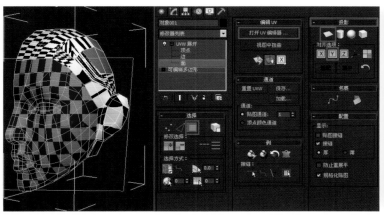

图 5-93 对面部 UV 进行映射

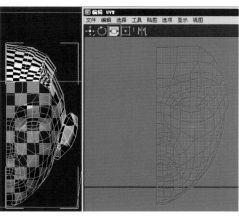

图 5-94 调整面部 UV

（5）选择耳朵部分的ＵＶＷ，把模型的视角调整到合适角度，对其进行沿屏幕方向的平面映射操作，如图5-97所示。

（6）进入"编辑ＵＶＷ"面板，利用"缩放"工具对耳朵的ＵＶＷ进行调整，并且手动将绿色的边界线调整到耳朵ＵＶＷ的外围，如图5-98所示。

三、编辑身体 UVW

（1）将身体裸体模型独立出来，单独添加"ＵＶＷ修改器"。选择"顶点"，按下"剥"面板下的"点对点接缝"按钮，对女性角色模型的身体模型进行接缝的操作。注意将接缝尽量处理在不显眼的地方，如手臂内侧、大腿内侧等。（图5-99）

（2）选择ＵＶＷ的面级别，分别对身体正面的ＵＶＷ和身体背面的ＵＶＷ进行Y轴向的平面映射，如图5-100所示。

（3）进入"ＵＶＷ编辑"面板，利用"工具"面板中的"水平翻转"选项，将身体背面的ＵＶＷ进行翻转，然后将身体正面和背面的ＵＶＷ缝合在一起。利用"缩放"工具，将身体的ＵＶＷ的边界尽量处理成方形，便于后期贴图的处理以及ＵＶＷ的摆放。（图5-101）

（4）选择手臂的ＵＶＷ，点击"剥"面板的"毛皮贴图"按钮，在弹出的"毛皮贴图"面板中点击"开始毛皮"选项，将手臂的ＵＶＷ拉开。点击"开始松弛"按钮，将手臂的ＵＶＷ松弛到接近模型结构的状态。（图5-102）

（5）利用相同的方法将脖子以及大腿的ＵＶＷ进行拉开，分别进行点的调整处理，如图5-103所示。

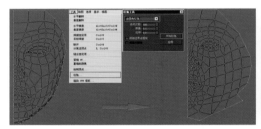

图 5-95 对重叠的点进行松弛

（a）头部侧面进行平面映射

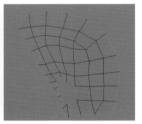

（b）松弛 UVW

图 5-96

图 5-97 对耳朵进行映射

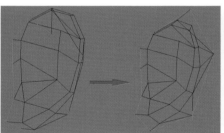

图 5-98 调整耳朵 UVW

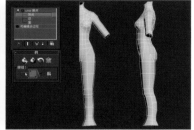

图 5-99 处理角色接缝部位

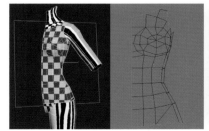

（a）对身体正面进行 Y 轴向的映射

图 5-100

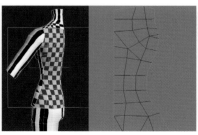

（b）对身体背面进行 Y 轴向的映射

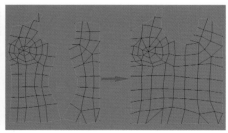

图 5-101 调整身体 UVW

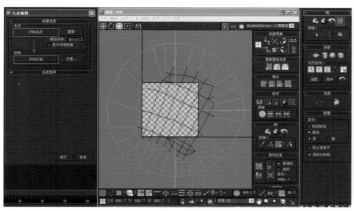

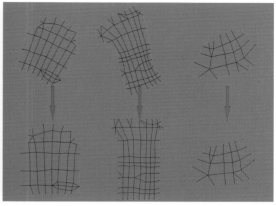

图 5-102 将手臂 UVW 进行毛皮拉开

图 5-103 进一步处理手臂的 UVW

四、编辑角色装备和头发的 UVW

（1）将装备模型独立出来，在修改器列表中给模型设置"UVW展开"修改器，进入点级别，编辑手套、脚掌以及犄角的接缝，为后面进行毛皮贴图的编辑做好准备工作。（图5-104）

（2）分别对手的正面和背面的UVW进行"视图对齐"的平面映射操作，然后进入"编辑UVW"面板对手的UVW进行缝合，并调整顶点。（图5-105）

（3）利用"平面投影"或者"毛皮贴图"的方式，对身体的其他部件进行UVW展开，并调节顶点。注意UVW的边界要尽量处理得规范一些，以利于后面贴图的绘制以及UVW的平铺操作。（图5-106）

（4）角色模型中所有部件的UVW都展开后，我

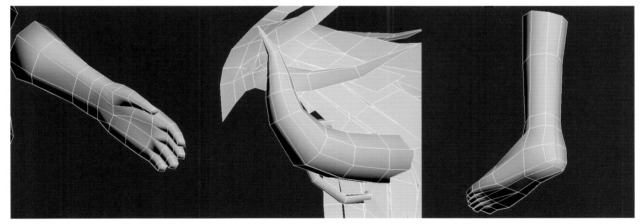

图 5-104 编辑模型 UVW 接缝

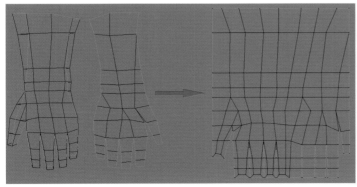

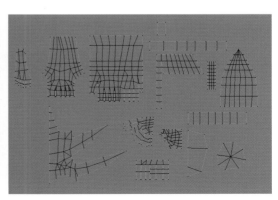

图 5-105 编辑手的 UVW

图 5-106 展开装备模型的 UVW

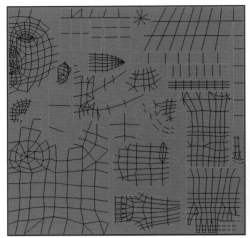

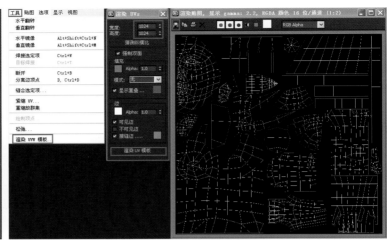

图 5-107 角色模型 UVW 摆放效果

图 5-108 对 UVW 进行渲染输出操作

们需要把它们放置到 UVW 第一象限的黑线里面（只有在黑线以内的 UVW 才是有效的 UVW），并对其进行渲染输出。摆放时应充分利用 UVW 第一象限的所有空间，不能超过象限的边界。同时应注意观察原画，贴图细节丰富的部分应考虑多给一些空间。（图 5-107）

（5）选择"工具"中的"渲染 UVW 模板"，在弹出的"渲染 UVs"对话框中将宽度设为 1024，高度设为 1024，点击下面的"渲染 UV 模板"按钮，将 UV 保存为 TGA 格式的图片文件。（图 5-108）

图 5-109 《赤壁》游戏中的男性 NPC 贴图

图 5-110 《三国无双》游戏中的男性角色贴图

第五节 角色贴图绘制

我们已经根据原画完成了整个角色模型和 UVW 的制作，接下来要开始给游戏人物绘制贴图。模型的制作只是完成了整个三维游戏角色工作的一部分，接下来的贴图绘制非常关键。可以说三维游戏角色质量的好坏，很大程度上取决于贴图质量的高低。

在整个三维游戏角色制作的工作量上，用于贴图绘制的时间往往占 60%，甚至更多。因为在游戏的美术制作中，贴图制作的好坏代表了一个游戏公司的整体美术制作实力的高低，也直接影响着游戏画面的质量的好坏，甚至关系到一款游戏的成败。好的贴图能生动形象地反映出场景与角色的真实感。

游戏贴图的尺寸通常都有较严格的规定，贴图尺寸通常采用 6 进制大小的正方形贴图，例如身体使用 512×512，道具使用 256×256。北京完美动力公司开发的《赤壁》游戏中的男性 NPC 贴图制作就是依据此数据，如图 5-109 所示。贴图尺寸也有采用 6 进制大小的长方形贴图的情况，例如身体使用 512×256，道具使用 256×128。日本光荣公司开发的《三国无双》游戏中的男性角色贴图制作就是依据此数据，如图 5-110 所示。

一、准备工作

我们将之前在"渲染UVs"模板中渲染出来的图片用Photoshop打开，如图5-111所示。首先，双击背景层将其解锁，如图5-112；然后，将图层名称改为"UV"，图层叠加方式改为"滤色"，图层的不透明度设置为20%，以便为绘制贴图颜色做参考，如图5-113；最后，将图层锁定，以免在后续的编辑过程中不小心被拖动或编辑。

在绘制贴图时，需创建新的图层，并放置在UV层之下进行绘制。用"吸管"工具吸取原画中的色彩作为贴图的底色，注意在选色的时候尽量吸取中间色，这样有利于在绘制贴图时进行加深或者减淡的操作。（图5-114、图5-115）

二、头部和颈部的贴图制作

有了大体的色彩关系以后，我们开始进行局部的贴图绘制。

1. 五官贴图制作

（1）利用Photoshop中的"画笔"工具进行脸部五官的贴图绘制。在绘制贴图时，要尽量保持头顶和脸部侧面皮肤材质的一致性，以便有效地避免脸部接缝部位颜色不匹配的现象。接下来继续使用"涂抹"工具、"减淡"工具和"画笔"工具进行绘制，用大色块表现出五官与脸部的色彩关系。

脸部大体的明暗关系绘制完成以后，开始对五官的细节进行处理。在角色贴图的绘制中，脸部贴图绘制尤为重要。在绘制时既要保证与原画设计相符合，又要在原画的基础上将贴图绘制得更加精致、细腻。

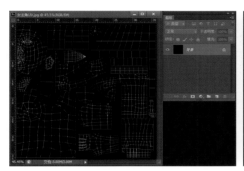

图 5-111 载入女主角 UV 图片

图 5-112 解锁背景层

图 5-113 设置图层属性

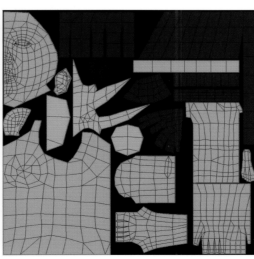

图 5-114 女性角色贴图底色和线框

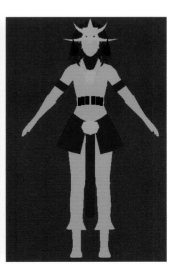

图 5-115 角色模型上色效果

图 5-116 脸部贴图绘制步骤

图 5-117 脸部贴图在模型上的效果

（2）除了五官的明暗关系之外，女性角色脸部的刻画也是比较关键的。该角色为魔族祭祀，属于反派角色，因此脸部的刻画在色彩上应该浓重一点。脸部绘制步骤如图5-116所示。

（3）脸部贴图绘制完成后，在Photoshop中将该贴图进行保存，3ds Max会自动更新贴图，如图5-117所示。

接下来进行头部的配饰制作，该角色头部配饰为兽骨类的饰品，在绘制时应该注意其质感的表现。

（4）在Photoshop中找到头饰模型对应的UV，利用"吸管"工具吸取原画中头饰的色彩，然后对贴图进行大关系的绘制，表现出头部兽骨面具和犄角的明暗关系。继续使用"涂抹"工具、"减淡"工具和"画笔"工具对贴图的细节进行深入刻画。绘制时要注意对细节疏密的把握以及对骨头类材质的环境色处理。贴图绘制步骤如图5-118所示，模型效果如图5-119所示。

（5）中高端网络游戏贴图的制作对贴图质感和细节的要求比较高，单纯的手绘很难让贴图达到理想的材质效果。这时通常会将真实的纹理贴图和手绘贴图进行叠加，让已有的

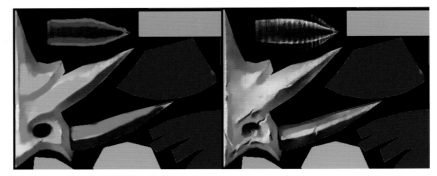

图 5-118 头部饰品贴图绘制步骤

图 5-119 头部饰品模型效果

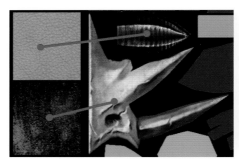

图 5-120 对头饰贴图进行纹理的叠加

图 5-121 头部配饰完成效果

手绘贴图更加真实。头饰纹理效果如图5-120所示，头饰模型最终效果如图5-121所示。

2. 头发贴图制作

头发部分的贴图制作是整个角色贴图制作中比较复杂的一个部分。在贴图制作时，我们除了要绘制头发的颜色贴图，还需要制作头发的透明贴图来模拟发丝边缘的透明效果。

（a）头发模型的UV

（b）新建透明贴图的图层

（c）刻画发丝细节

图5-122 头发贴图的绘制

图5-123 未做透明效果的头发模型

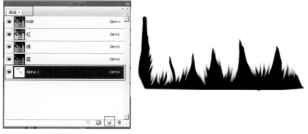

（a）制作头发透明贴图

（b）保存头发透明贴图

图5-124

（1）首先，在Photoshop中找到头发模型对应的UV，如图5-122（a）所示，利用"画笔"工具大体勾勒出发丝的大致走向。然后，新建一个图层，绘制出需要做透明贴图的区域，这样做是为后面透明贴图的制作起到一个提示的作用，有利于对头发的进一步刻画，如图5-122（b）所示。最后，根据绘制好的透明区域，对头发贴图进行进一步的刻画。绘制时要注意整体的明暗关系以及整个头发的层次感，如图5-122（c）所示。

随时注意观察贴图在模型上的效果，以便修改和完善，如图5-123所示。

（2）头发的颜色贴图制作好以后，我们来为模型制作透明贴图。选择"通道面板"，新建一个"Alpha"通道。将整个通道填充为白色，将透明部分填充为黑色（在3D游戏制作中，默认透明通道中黑色为透明，白色为不透明），如图5-124（a）所示。将贴图保存为32位/像素的TGA格式，如图5-124（b）所示。

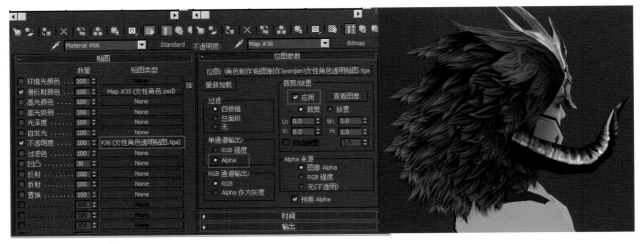

图 5-125 设置头发透明贴图

（3）在3ds Max中打开材质球面板，将制作好的透明贴图指定给不透明度通道，并将通道中"裁剪/放置"中的"应用"勾选上，然后将单通道输出勾选为"Alpha"。这样，透明的效果就可以在3ds Max中正确显示了。（图5-125）

3. 颈部饰品贴图制作

（1）接下来制作颈部饰品的贴图，制作方法和制作头饰一样，先进行大色块的绘画，表现出饰品大体的色彩关系，然后利用"涂抹"工具以及"画笔"工具进行细节刻画。贴图绘制完成后，再与真实的纹理贴图进行叠加。（图5-126）

（2）由于原画的项链上有大量的宝石，故我们需将一张真实宝石的照片调入Photoshop，利用"套索"工具将宝石拖到角色贴图中，并对宝石图片进行缩放、复制等操作，调节宝石的色彩关系，制作出项链的贴图。

（3）此时项链模型是一个面片，我们还需要在"Alpha"通道中将透明的部分填充为黑色。如图5-127所示。

（4）前面步骤完成后需要制作首饰每个部件之间的阴影关系。将"画笔"工具修改为黑色，填充在阴影的位置，点击"滤镜—模糊—高斯模糊"，将阴影柔化处理，并调节该图层的透明度。效果如图5-128、图5-129所示。

图 5-126 颈部饰品的绘制

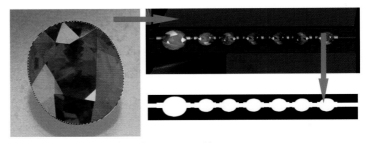

图 5-127 制作项链的颜色贴图和透明通道

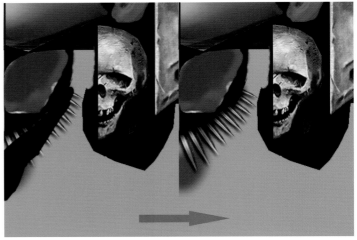

图 5-128 颈部首饰阴影制作效果

三、身体的贴图制作

（1）绘制身体部分的贴图细节，在Photoshop中找到身体模型对应部分的UV，利用"吸管"工具吸取原画中的色彩，将身体部分的装备进行底色填充，注意不同装备之间图层的分配。利用"笔刷"工具将皮肤部分的明暗和色彩关系绘制出来。（图5-130、图5-131）

（2）绘制角色的上半身细节，首先用"画笔"工具绘制出皮衣的底色，在绘制时应该把握好女性胸部的形体比例和光影关系。然后对皮衣上镶嵌的金属条纹和腰部的金属吊饰进行刻画，注意金属条纹和皮衣之间层次感的把握。最后选择合适的纹理贴图对皮衣和金属进行叠加，同时制作出吊饰的透明通道。（图5-132）

（3）绘制下半身的腰带贴图。首先用大色块描绘出腰带各个部分的光影关系，绘制出甲片的第一层，然后将绘制好的甲片向下进行复制，接着将腰带所有部件之间的光影关系制作出来，使其层次更加分明，最后制作出毛发的透明通道。（图5-133）

（4）身体部分贴图完成效果如图5-134所示。

图 5-129 颈部首饰完成效果

图 5-130 身体部分装备底色和皮肤贴图的绘制

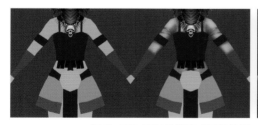

图 5-131 皮肤绘制完成后的效果

图 5-132 上半身贴图绘制步骤展示

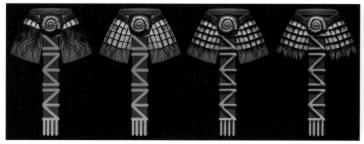

图 5-133 腰带贴图绘制步骤展示

图 5-134 身体部分贴图正面和背面效果图

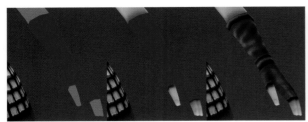

图 5-135 手臂贴图绘制步骤展示

图 5-136 腿部贴图绘制步骤展示

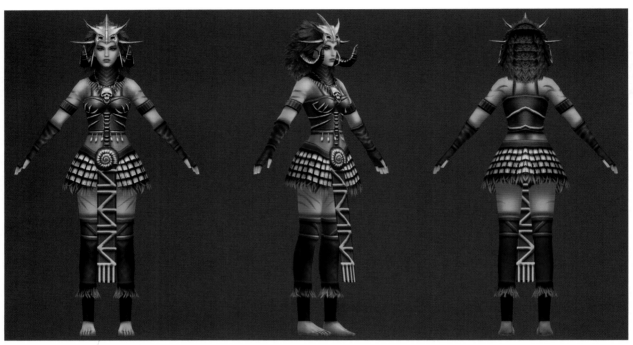

图 5-137 角色完成最终效果

（5）利用相同的方法绘制出四肢的贴图，绘制时尽量让贴图和原画保持一致，如图5-135、图5-136所示。

（6）至此，整个角色的模型和贴图制作完毕，我们在3ds Max中对角色进行渲染，然后同原画进行比较，接着按照网络游戏的规范制作流程对整个角色进行细节调整，使三维角色模型和原画保持较高的相似度。最终完成效果如图5-137所示。

本章小结

本章通过对三维网络游戏女性角色制作流程的完整讲解，从模型制作、UVW的分配及纹理贴图的制作三个方面完整地介绍了三维网络游戏中低模的制作方法。我们应该重点学习多边形模型的制作技巧和手绘纹理贴图的制作方法。

练习与思考

1.简述男性骨骼和女性骨骼的基本结构，以及男性形体和女性形体的区别。

2.尝试利用多边形建模的方式制作女性游戏角色模型，并合理分配UV、绘制贴图。

CHAPTER 6

手机游戏 3D
转 2D 美术项
目制作

要点导入

本章以手机游戏《龙纹三国》项目角色——吕布的制作为例，本例主要讲解手机游戏3D转2D项目介绍角色模型制作，角色贴图绘制，角色绑定、灯光设置等内容，本例最终完成效果如图6-1所示。通过对本章的学习，学生可以掌握手机游戏角色模型制作的流程和方法，加深对手机游戏项目的理解。

图 6-1 手机游戏《龙纹三国》中吕布的角色效果图

第一节 手机游戏项目介绍

一、手机游戏发展现状

随着5G网络的普及，移动互联网呈爆发式增长。手机已成为人类线上娱乐生活的最主要载体。

在此大背景下，手机游戏发展几乎已超过电脑客户端游戏。盛大游戏有限公司、腾讯公司、阿里巴巴集团等业界巨头已经投入巨资和重兵，这个行业已经得到非常快速的发展。

二、手机游戏的分类

1. 单机游戏

单机游戏指仅使用一台设备就可以独立运行的电子游戏。区别于手机网络游戏，它不需要专门的服务器便可以正常运转，部分单机游戏也可以通过多台手机互联进行多人对战。单机游戏代表作有《愤怒的小鸟》《植物大战僵尸》等。（图6-2、图6-3）

图 6-2 单机游戏《愤怒的小鸟》

图 6-3 单机游戏《植物大战僵尸》

图 6-4 网络游戏《神将传奇》

图 6-5 网络游戏《我叫 MT》

图 6-6 手机游戏《龙纹三国》

2. 网络游戏

网络游戏指以互联网为传输媒介，以游戏运营商服务器和用户手持设备为处理终端，以游戏移动客户端软件为信息交互窗口的，旨在实现娱乐、休闲、交流和取得虚拟成就的，具有可持续性的个体性多人在线游戏。网络游戏的代表作有《我叫MT》《神将传奇》《龙纹三国》等。（图6-4、图6-5）

三、《龙纹三国》项目介绍

《龙纹三国》是一部耗资巨大，历时两年研发的手游巨著，由资深手游开发商简乐互动科技有限公司研发。

作为一款大型多人在线角色扮演游戏，《龙纹三国》不论从设计还是规模上都达到了回合制角色扮演游戏的一个较高水平，玩家可以从中体验到很多乐趣。《龙纹三国》的游戏画面有层次感，它除了有精美的画面和带给用户流畅的游戏体验之外，绝无仅有的游戏玩法是游戏的最大卖点。（图6-6）

第二节 手机游戏角色模型制作

在手机游戏3D转2D的项目中，游戏建模，特别是角色建模的重点和难点就是通过渲染的方式把三维模型转化为二维像素图片。因此，对模型本身细腻程度的要求比较高。相对网络游戏制作的低模，手机游戏按照不同的项目需求，需要模型本身有一定的细节。

本章将结合实际案例，严格按照手机游戏制作的流程对角色建模工作及制作流程进行全面系统的介绍，涉及部分人体结构方面的专业知识应用。

在进行游戏角色建模之前，要参考原画设定，对角色的形体、服饰及人物性格等方面进行仔细的分析，随后再划分出角色的基本结构图，以便在制作时能够准确把握角色的形体特征，更好地对角色细节进行刻画，从而赋予角色个性和生命。

本例中的男性角色为近战职业的武将，体型比较魁梧，护身装备多为厚重的金属盔甲和皮甲，身体大部分的盔甲采用贴身设计。腰带、护腿以及手臂护具部分属于紧身装备且本身的体积感不强，因此可以依靠后期的贴图来表现细节。披风以及头饰部分需要做柔体动画，在模型制作时需要足够的布线才能达到细腻的动画效果。人物头部的鬓角和眉毛是制作的重点。

本例要制作的男性角色的设定文案如下：

人物：中国古代的著名武将——吕布。形体特征要充分展示该角色的骁勇善战。

特征：强悍、勇猛、战无不胜。

装备：由大量的金属盔甲以及部分皮甲组成。风格厚重华丽，体现角色的大将风范。

职业：此角色使用武器方天画戟，属于近战职业。本例的原画设定如图6-7所示。

一、角色裸体模型的制作

结合前面制作网络游戏女性角色的规范流程，下面开始制作手机游戏中的男性角色。

该模型同样采用多边形（Polygon）建模的方式来完成。制作过程先从身体开始，再制作装备部分。

1. 头部模型制作

（1）进入3ds Max的主界面，在透视图中创建一个长、宽、高分别为20 cm、20 cm、20 cm的正方体，分段数分别为1、1、1，如图6-8所示。按<W>快捷键选中物体并将其坐标分别设置为0、0、0（方便模型进入游戏之后的定位），如图6-9所示。按<M>快捷键打开材质球编辑器，赋予模型一个灰色材质球，如图6-10所示。

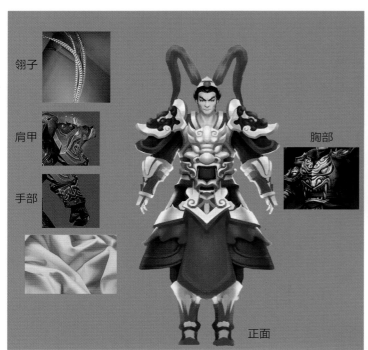

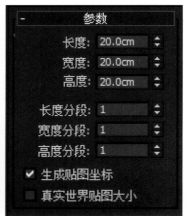

图6-8 设置大小和分段数

图6-7 男性角色原画

图6-9 将坐标归零

（2）给正方体添加足够的布线，并给模型添加"对称"命令。调整出大体的头部模型后，根据头部骨骼的造型变化对头部的三庭五眼进行布线，对眼、耳、眉、口、鼻进行定位。

（3）根据原画的造型特点从各个角度调整五官，为模型添加更多的布线，对五官的细节进行刻画，使头部模型尽量符合角色的气质特征。（图6-11）

（4）从头顶分离一部分面作为头发的模型，调整模型的形体使其和原画的发型接近。由于头发主要用透明贴图呈现，所以头发模型不用做得过于复杂。参考原画，制作出鬓角模型和其他头饰。（图6-12）

（5）制作头部的飘带，从头部复制出一个方形面片，调整出合适的长度作为飘带的模型，绒毛的部分通过透明贴图来呈现。值得注意的两个问题：一是飘带本身因为要做动画，所以不需要进行任何造型，呈直线形就可以了；二是为了后期能制作出柔和的动画，需要给飘带添加足够的线段。（图6-13）

2. 躯干模型制作

（1）参考头部模型的大小，在透视视图中创建一个长、宽、高分别为50 cm、50 cm、80 cm的长方体，模型分段数分别为1、1、1，如图6-14所示。

（2）选择长方体后点击鼠标右键，选择"转换为：转换为可编辑多边形"，然后点击"细分曲面"将其进行细分处理。这样便形成男性角色躯干的一个初模。

（3）在前视图和左视图中对模型进行调整，初步调节出整个躯干的胸腔、腰部和臀部的线条感，可以适当多加一些线段。注意把握好男性角色躯干的厚重感和形体的变化。

（4）处理好脖子、手臂、腿部的接口，如图6-15所示。

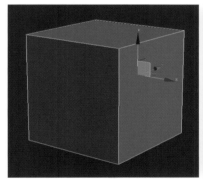

图 6-10 赋予模型材质分段

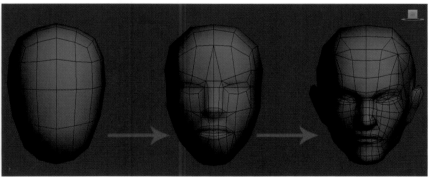

图 6-11 制作头部模型

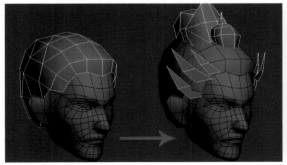

图 6-12 制作头部配饰

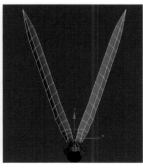

图 6-13 制作头部飘带

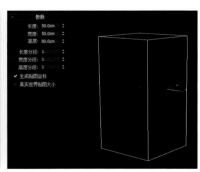

图 6-14 创建制作身体的长方体

3. 四肢模型制作

（1）调整好躯干模型以后，选择接口部分的"线"，配合<Shift>键拉出手臂、脖子、腿的基本模型，参考人体肌肉结构调整出四肢的肌肉结构感。由于身体模型最终会套上装备，所以肢体布线要尽量工整，方便后期动画的制作。（图6-16）

（2）在身体模型的基础上，参考女性角色手掌和脚掌的制作方法，制作出本角色的手掌和脚掌的模型。由于男性角色原画没有露脚趾，所以直接制作出靴子的模型就可以了。（图6-17）

身体部分模型制作完成效果如图6-18所示。

二、装备模型制作

制作身体装备模型时，初始的模型尽量以裸体模型进行复制。这样做一方面可以提高模型制作的速度，另一方面可以让装备的布线结构和裸体模型接近，便于后期对角色进行绑定制作。

1. 肩甲制作

肩甲是装备中比较重要的一个部分，玩家在操作时也比较注意这个地方，因此需要重点制作。在模型制作时应该把握好其与角色身体的大小比例，强化模型本身的厚重感。

（1）选择肩膀的部分模型，按住<Shift>键复制出部分面片作为肩甲的初始模型。按照原画的感觉调整出肩甲的大致形状，根据原画的造型为模型添加布线，刻画出模型的细节。（图6-19）

（2）刻画肩膀上的兽头。这时模型本身的布线已经不能满足深入刻画的需求，需要利用"加线"工具对模型加入更多的结构线，从多个角度调整出模型的细节。在制作时应注意对肩甲模型的背面进行封口，避免在后期渲染时出现穿帮画面。（图6-20）

图6-15 制作男性躯干模型

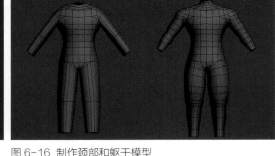

图6-16 制作颈部和躯干模型

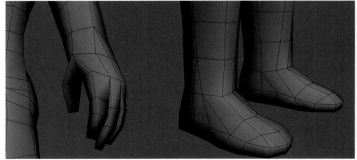

图6-17 制作手掌和脚掌模型

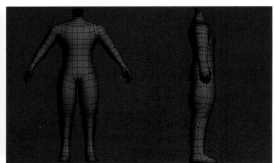

图6-18 身体模型完成效果

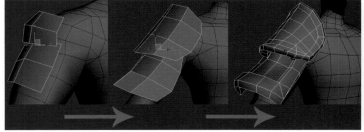

图6-19 制作肩甲模型

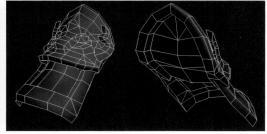

图6-20 深入制作肩甲模型

2. 盔甲的制作

我们可使用从裸体模型中分离出面的方法来制作盔甲部分，在制作时应注意几个问题：首先，要反复观察原画，注意装备模型与身体的比例关系；其次，在装备制作时应注意模型本身的结构层次，强化模型的厚重感；然后，要注意装备模型的布线走向和疏密程度应该尽量与身体模型相吻合，便于后期动画绑定的制作；最后，为了节约资源，删除身体模型看不到的面。制作效果如图6-21所示。

3. 披风的制作

披风的褶皱效果主要依靠贴图来表现，模型本身并不需要制作得过于复杂，但是为了使披风的动画效果更加柔和，可在制作的时候给披风多加一些分段线。（图6-22）

4. 武器的制作

参考前面章节武器的制作方法，根据原画制作出吕布的武器——方天画戟。需要注意的是，红缨的毛发效果主要靠透明贴图表现。（图6-23）

模型制作完成的最终效果如图6-24所示。

三、角色 UVW 编辑

接下来对模型进行UVW的编辑。只有为模型指定好UVW坐标以后，贴图才能被正确地赋予模型，否则，贴图会出现错位而无法表现出应有的效果。

在手机游戏角色的制作中，因为不涉及换装，所以对贴图张数和贴图的尺寸没有太严格的要求。该角色贴图像素为：身体512×512、脸部512×256、头饰256×256、披风256×256、武器512×256。

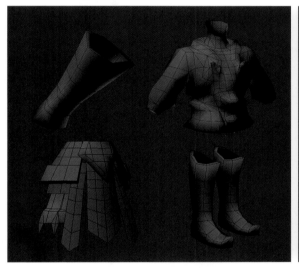

图 6-21 装备模型其他部件制作

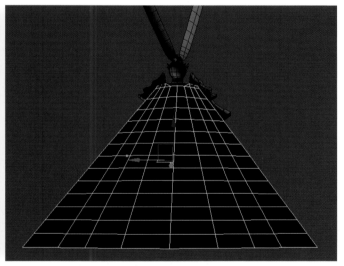

图 6-22 披风模型制作

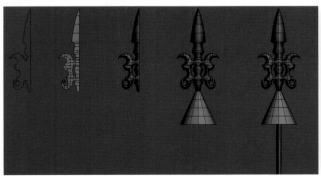

图 6-23 武器模型制作

图 6-24 模型的最终效果

在UVW的制作中应当注意几个问题：一是通过观察原画可以看出该角色是左右对称的，因此UVW只需要做一半再复制出另一半即可；二是将贴图接缝尽量放在看不到的地方，展平UVW时尽量避免不必要的拉伸；三是在摆放UVW时尽量把第一象限的空间利用起来，不要浪费空间。（图6-25）

第三节 手机游戏角色贴图绘制技巧

手机游戏模型贴图与电脑网络游戏模型贴图要求有所不同。电脑网络游戏通常是在PC平台上运行，画面分辨率较高，因此要求模型贴图尽可能细腻，尽量表现更多的细节和质感。手机游戏一般在手机平台上运行，多数是像素游戏，因此要求模型贴图用大色块去绘制，不必过于细腻。

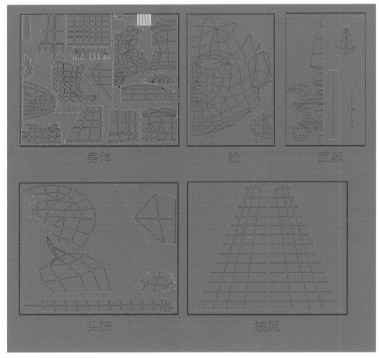

图6-25 UVW 制作效果

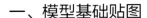

一、模型基础贴图

1. 脸部模型贴图

（1）将脸部UVW参考图片导入Photoshop，作为绘制脸部贴图的参考图层。仔细观察脸部皮肤颜色，为填充脸部皮肤的基本色做准备，如图6-26所示。

（2）使用Photoshop中的"画笔"工具进行脸部五官贴图的绘制，注意保证头顶和脸颊部分材质要一致。在制作时不要急于表现细节，先绘制出三庭五眼的位置关系，以及脸部正面和侧面的明暗交界线，再深入刻画眉毛、眼睛、鼻子、嘴巴的细节，如图6-27所示。

2. 身体模型贴图

（1）将身体部分的UVW参考图片导入Photoshop，作为绘制身体贴图的参考图层。观察原画的装备结构和色彩构成，为装备最底层的布料和盔甲填充颜色，如图6-28所示。

（2）新建图层，绘制出盔甲上层金属条纹的基本色彩。在绘制时色彩尽量和原画保持一致，如图6-29所示。

3. 基本光影调整

现在，我们为身体装备贴图绘制基本的明暗关系，本案例中我们主要采用将模型赋予AO（Ambient/Reflective Occlusion）材质，将光影渲染给纹理的贴图方式。

AO贴图不需要灯光照明，它以独特的方式计算吸收的"环境光"（未被阻挡

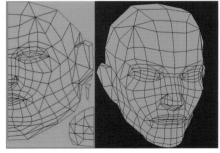

图6-26 给脸部贴图填充基本颜色

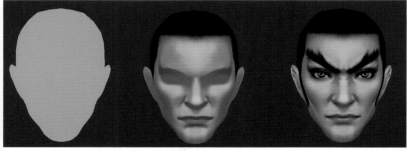

图6-27 绘制脸部贴图

的光线和被阻挡的光线所产生的阴影）。它能模拟全局照明，通过改善阴影来实现更好的图像细节，能改善漏光和阴影不实等问题，增强空间的层次感、真实感，同时加强和改善画面的明暗对比，增强画面的艺术性。

（1）点击"渲染"中的"渲染设置"，选择"指定渲染器"，将渲染器改为"mental ray渲染器"，如图6-30所示。

（2）打开材质编辑器，选择任意材质球，将材质球类型由"standard"材质改为"mental ray"材质，如图6-31所示。

（3）将"材质/贴图浏览器"中的曲面贴图改为"Ambient/Reflective Occlusion"贴图，如图6-32所示。

（4）设置"曲面明暗器"的参数，将"Samples"设置为256（控制贴图的采样范围），"Spread"设置为1.2（控制贴图的光影程度），"Max distance"设置为0。将材质球赋予身体模型，为身体模型添加一个平面作为光子反弹的对象，如图6-33所示。渲染测试AO贴图的烘焙效果，如图

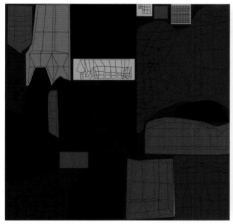

图 6-28 为身体贴图绘制底色

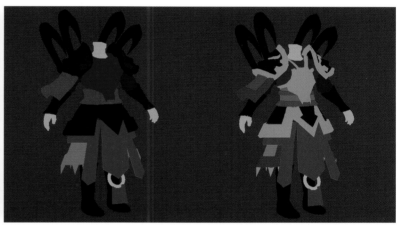

图 6-29 进一步绘制身体贴图的基本色块

图 6-30 修改渲染器

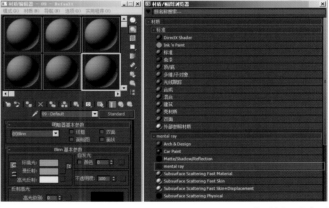

图 6-31 修改材质球类型

图 6-32 设置 AO 贴图

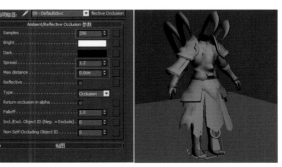

图 6-33 设置 AO 贴图参数

6-34所示。

（5）确保身体模型是被选中的状态，因为只有选中该模型才能使该模型的光影效果被渲染成纹理贴图。点击"渲染"，将渲染调到纹理面板。首先在烘焙对象面板中将贴图对象改为"使用现有通道"，然后在输出面板中将输出的材质类型添加为"Ambient_Occlusion（MR）"，并设置渲染尺寸为1024×1024，最后点击渲染输出，如图6-35所示。

（6）将渲染的纹理保存为带有透明通道的PNG格式文件，渲染效果如图6-36所示。

（7）将光影贴图导入Photoshop，与身体贴图进行"正片叠底"操作，效果如图6-37所示。

二、装备材质贴图制作

通过将光影渲染给纹理的操作，我们给身体贴图赋予了基本的明暗效果，下面对贴图进行进一步绘制。绘制角色身上的材质时，应根据ＵＶＷ坐标的分布用大块色调进行绘制，不要拘泥于小细节。因为我们制作出的模型最终是用于像素图片渲染的，而最终的像素图片不足以呈现出过多的细节。

1. 肩甲贴图

肩甲模型贴图是整个男性角色贴图制作中相当重要的一个部分。首先，选择角色肩甲部分的ＵＶＷ坐标线框，在Photoshop中绘制肩甲的基本材质，注意要尽量采用中间色，也就是色彩中的灰色调。然后，在基本色的基础上对装备的转折和起伏进行详细的绘制，注意保持整体材质风格与原画风格的协调统一。最后，结合原画的色彩信息对贴图进行调整。（图6-38、图6-39）

利用同样的方法绘制出肩甲模型的下半部分，注意整个肩甲模型的贴图材质，加强其厚重感。效果如图6-40所示。

图 6-34 AO 贴图烘焙效果

图 6-35 设置渲染到纹理面板

图6-36 渲染纹理效果

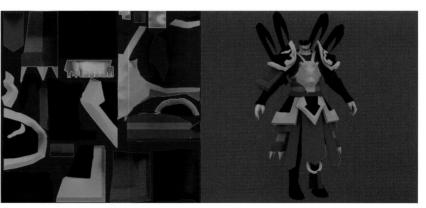

图 6-37 身体光影贴图效果

2. 胸甲贴图

胸甲是整个身体的主体部分，制作时需要对材质质感进行准确刻画，同时把握好材质的黑白灰层次关系，如图6-41、图6-42所示。

3. 手臂和护腿贴图

在制作手臂和护腿贴图时，尽量先绘制主体材质，然后根据材质的整体层次变化协调装备色彩以及明暗关系，使其与其他装备风格尽量保持统一，如图6-43所示。

4. 披风贴图

在绘制披风的纹理贴图时，由于模型是采用面片制作的，比较简单，不容易表现出布料飘逸的感觉，因此可以利用Photoshop制作透明贴图来表现布料边缘不规整的造型。在"通道"中点击"创建新通道"按钮，创建一个"Alpha"通道，将需要表现透明效果的部分填充为黑色，不需要的部分填充为白色。保存贴图，将贴图保存为32位的TGA格式文件。（图6-44）

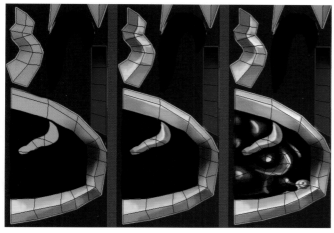

图 6-38 肩甲贴图制作效果

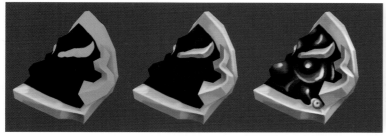

图 6-39 肩甲模型效果

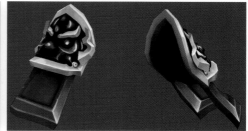

图 6-40 肩甲模型整体效果

图 6-41 角色胸甲贴图制作过程

图 6-42 角色胸甲效果

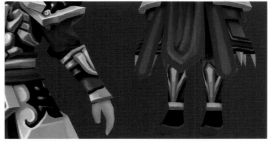

图 6-43 角色手臂和护腿制作效果

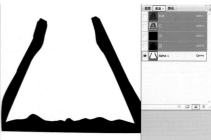

图 6-44 披风贴图以及透明通道制作

在3ds Max中将透明贴图指定给模型时，需要在通道栏中将漫反射通道和不透明度通道同时指定给该贴图，并且进入不透明度通道中将该贴图的Alpha通道开启，这样才能正确地显示出透明通道的效果。（图6-45、图6-46）

5. 头发和头部装饰物贴图

我们在UVW线框图中找到相应的区域，提取相关区域进行填充，填充时尽量吸取原画中的色彩。在此基础上再进行加深或者减淡操作，从而刻画出头发和发饰的细节，注意头发材质的表现风格与身体整体风格要协调。（图6-47、图6-48）

6. 武器——方天画戟贴图

武器的制作方法和身体装备的制作方法大致一样，在制作时要体现出金属的质感。（图6-49）

至此，整个角色的模型和贴图制作完毕，完成效果如图6-50所示。

图6-45 设置透明贴图

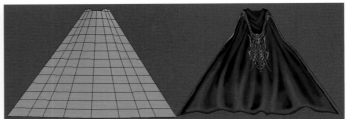
图6-46 披风制作效果

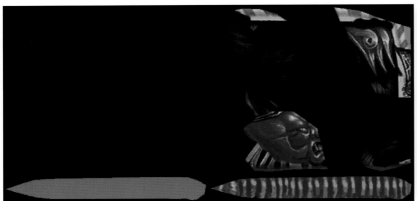
图6-47 角色头饰材质纹理制作过程

图6-48 角色头饰模型完成效果

图6-49 武器制作效果

图6-50 角色最终效果

第四节 角色绑定和灯光设置

一、角色的绑定制作

在使用3ds Max进行游戏角色的建模时，主要通过Biped骨骼为模型指定"蒙皮"修改器，完成骨骼绑定和动作设定两个过程。

1. 基本骨骼设置

首先，点击"系统"面板，创建一个"Biped骨骼"，如图6-51所示。然后，进入"体型模式"状态，选择轴心点骨骼，将整个Biped骨骼移动到模型的臀部中心。最后，进入"结构"面板，进行如图6-52中的Biped骨骼参数设置。

2. 匹配骨骼和模型

首先，进入"体型模式"状态，将轴心点骨骼移动到模型的臀部中心。然后，调节胸部和手臂部分的骨骼，尽量保持骨骼和模型在大小、位置、角度上的一致性，如图6-53所示。最后，对身体下半身的骨骼和模型进行匹配，注意处理好与关节部位对应的骨骼的位置关系，如图6-54所示。

Biped骨骼只能对裸体模型进行绑定，我们需要单独创建一些普通骨骼对披风、头饰以及腰部的裙摆进行绑定，创建完成后利用工具栏的链接工具将普通骨骼链接到对应的Biped骨骼上。骨骼创建效果如图6-55所示。

选择指定好骨骼的角色模型，进入"修改面板"，在修改器列表中选择"蒙皮"命令，在弹出的"蒙皮"面板中点击"选择骨骼"按钮，在弹出的"选择骨骼"对话框中只勾选"骨骼"元素，按

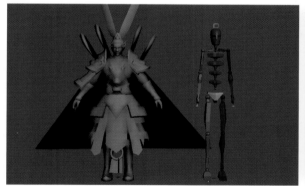

图 6-51 创建 Biped 骨骼

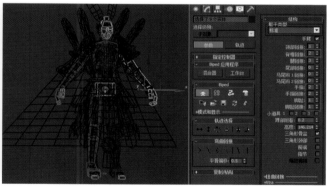

图 6-52 调节 Biped 骨骼位置

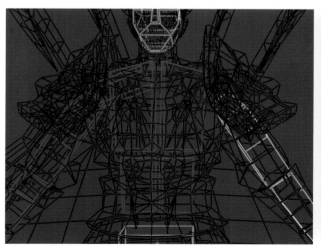

图 6-53 调整上身骨骼

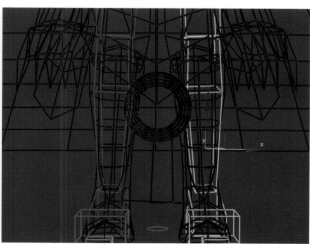

图 6-54 调整下身骨骼

<Ctrl+A>组合键选中全部骨骼，单击"选择"按钮，将所有的骨骼添加给模型作为蒙皮的对象。（图6-56）

3. 给绑定骨骼的模型设定蒙皮的权重

单击"权重工具"按钮，根据骨骼点的排列，在弹出的"权重工具"对话框中给角色模型中各个部分设定不同的权重值，特别是对关节部位权重值的设定。"1"代表骨骼对模型绝对控制，"0"代表骨骼对模型不控制。（图6-57）

4. 导入 BIP 动作数据文件

打开运动面板，选择"Biped"面板，点击"加载文件"按钮，从指定路径中为骨骼导入动作数据文件，如图6-58所示，并将模型贴图显示出来，如图6-59所示。

二、灯光设置

1. 添加灯光

此步骤是为了增加模型的光影效果，同时为后面的渲染出图做准备。

为角色模型添加一盏"目标聚光灯"作为产生阴影的主光源；在"标准灯光"中拖拽出"目标聚光灯"并设置其参数；在"常规参数"面板中启用阴影，贴图类型改为"阴影贴图"；在"强度/颜色/衰减"面板中将倍增值改为1.2，灯光颜色保持白色不

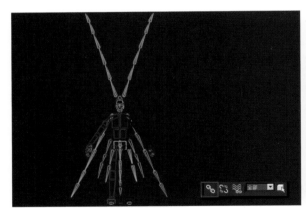

图 6-55 创建普通骨骼的装备模型

图 6-56 添加蒙皮修改器

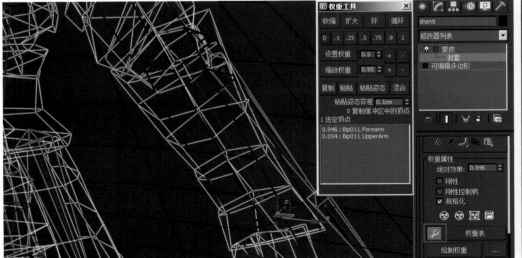

图 6-57 设置权重

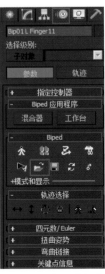

图 6-58 为骨骼加载动作数据

变；在"聚光灯参数"面板中打开"泛光化"开关；在"阴影贴图参数"面板中将偏移量设置为0，大小设置为1024，采样范围设置为16。（图6-60）

2. 添加辅助光源

从"标准灯光"中拖拽出"泛光灯"，将其放置在主光源对面，并设置其参数；在"强度/颜色/衰减"面板中将倍增值改为0.4，如图6-61所示。

3. 添加一盏天光

天光可以照亮整个模型。在"标准灯光"中拖拽出"天光"，将其放置在主光源对面，并设置其参数；在"强度/颜色/衰减"面板中将倍增值改为0.7。（图6-62）

4. 设置光跟踪器

为了让照明效果更加柔和，我们需要将"光跟踪器"打开，在"渲染"面板中选择"光跟踪器"，将其反弹值改为1，如图6-63所示。

5. 设置渲染输出面板

按F10打开"渲染设置：默认扫描线渲染器"面板，在公用参数面板中将范围设置为0—23帧，输出大小改为宽度800、高度480，将"强制双面"选项打开，并点击"渲染"按钮，设置图片输出路径，将输出格式改为带Alpha通道的PNG格式，如图6-64所示。

图 6-59 带有动作的模型效果

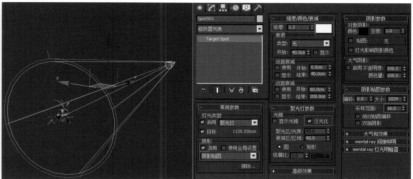

图 6-60 为角色模型添加主光源

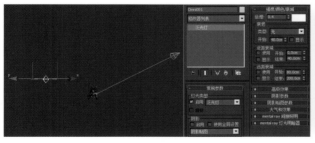

图 6-61 为角色模型添加辅光

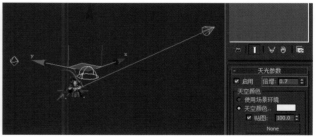

图 6-62 为角色模型添加天光

图 6-63 设置光跟踪器

图 6-64 设置渲染面板

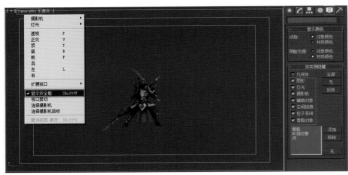

图 6-65 为最终渲染做准备

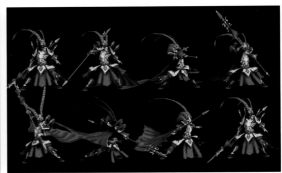

图 6-66 角色攻击动作

6. 添加摄像机

在透视图中选择合适角度，按 <Ctrl+C>组合键为角色模型添加一台摄影机，用于固定渲染视角。在Camera001图标上点击鼠标右键，将"显示安全框"打开，进入"显示"面板，在"按类别隐藏"中将除几何体以外的元素全部隐藏，以避免渲染时出现错误。（图6-65）

角色吕布的攻击动作、待机动作以及被攻击动作的渲染效果如图6-66至图6-68所示。

至此，角色吕布的所有制作流程都已完成，我们可以把角色放入游戏画面中看看最终的效果，如图6-69所示。

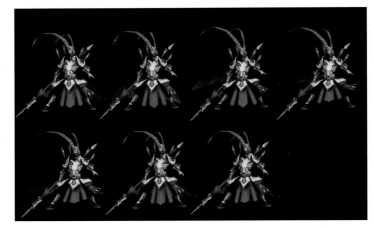

图 6-67 角色待机动作

![本章小结]

通过对手机游戏男性角色——吕布的制作流程的完整讲解，我们学习了将三维动画模型转化为二维动画序列图片的制作方法，了解和掌握了手机游戏角色从3D转为2D的制作方法，即模型制作、贴图绘制、绑定蒙皮、灯光设计和渲染输出几个方面的知识。

图 6-68 角色被攻击动作

练习与思考

1.分析时下流行的手机游戏角色的制作流程。

2.尝试用本章讲述的方法，制作同类型的三维角色，制作动画并渲染出序列图片。

图 6-69 角色在游戏中的效果

CHAPTER 7

一

第七章

次世代游戏武器
制作

要点导入

本章通过案例——武器盾牌模型制作，学习原画分析、模型制作、拓扑学习、UV拆分、材质渲染等方面的知识，从而使学生熟悉次世代武器制作的流程并掌握其制作方法，最终对三维游戏美术的次世代制作流程产生深刻的认识与理解。武器盾牌模型最终效果如图7-1。

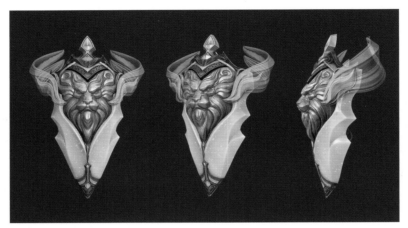

图 7-1 武器盾牌模型展示效果

码 1 原画分析建模

随着游戏软件、硬件以及网络环境的快速发展，次世代游戏已经成为游戏发展的必然趋势。科技与游戏设计的结合，带来了最棒的游戏体验。次世代游戏无论在技术上还是在视觉表现上，或是在游戏的互动体验上都大大超越传统游戏，其提高了游戏美术品质以及重新定义了游戏美术制作方式，为游戏美术制订了新标准，极大地推动了游戏美术的发展。目前次世代游戏已经有了电影级的画面效果、丰富多样的人机互动形式、逼真的游戏体验，次世代游戏技术也逐渐拓展到电影、虚拟现实领域，实现了多产业的相互融合。

次世代游戏采用了全新的游戏引擎而创造出更多前代游戏引擎所不具备的特殊效果，如体积烟雾、真实光影、真实物理特效以及动态模糊和景深效果等。

次世代游戏美术的制作流程，分为以下几个步骤：高模的制作、低模的制作、烘焙法线贴图和其他贴图的制作（不同制作软件叫法略有不同）。

第一节 武器原画分析

在次世代游戏美术制作过程中，设计者需要对原画设计进行全面的分析，以便后续流程顺利开展。

通过分析原画（图7-2），我们得知该武器盾牌属于西方奇幻风格，常用于配对游戏中力量型职业，是常见的近战防御重型武器。盾牌形体正面上宽下尖，整体呈现倒三角形；上半部分配有金属狮子头，占据武器视觉中心；下半部分是玉石盾牌，配有金属装饰点缀其上；金属狮子头两侧配有透明翅膀作为装饰，且狮子头上方贴合着不同大小的装饰体块。通过原画分析我们可从剪影、结构、比例、细节4个方面入手。

1. 剪影分析

对原画进行剪影分析，在原画基础上分析出合理的正、侧面剪影图像，如图7-3。分析过程中，需注意原画转为平面剪影时，模型重要节点的对应关系。好的剪影分析会为模型制作提供更多参考，使得模型的整体形状更加优美、规整。

2. 结构分析

根据原画，将武器盾牌进行区域划分，如图7-4。从武器盾牌各个区域间的关系，我们能分析得出模型制作的先后顺序。我们首先制作玉石盾牌"区域1"和金属狮子头"区域2"，其次制作透明翅膀"区域3"，然后根据其余装饰的依附关系，制作"区域4""区域5""区域6"，最后制作完全贴合在玉石盾牌上的"区域A"和紧挨着金属狮子头上的"区域B"。

3. 比例分析

标注出体块结构之间的比例关系。如：狮子头在前视图中的占比，两侧翅膀在整个盾牌中的位置关系与对应大小等，再同步对应侧视图和后视图中的比例关系。在武器盾牌后视图的制作中，要考虑到盾牌的武器属性与合理性，需配备抓手的绑带。武器参考如图7-5，结构分析以体块为主。

4. 细节分析

我们要对原画的细节进行相应的分析。如：金属狮子头毛发的分布、狮子头头部的具体体块、模型不同结构的厚度、翅膀弯曲弧度上的轮廓厚度等。细致的分析，将会为后续的步骤提供便利。

因次世代游戏制作流程涉及的软件较多，在模型分析中，可结合软件特性，进一步推敲制作流程。模型制作顺序为"中模—高模—低模"，因武器模型存在多处曲面和穿插关系，所以在中模制作阶段就会涉及高模制作。由此，我们可将顺序推敲为：（1）在3ds Max中搭建中模"区域1"和"区域2"；完成"区域2"的狮子头制作后，进入ZBrush进行"区域2"的高模制作；得到"区域2"的高模制作后，再减面导入3ds Max继续"区域3""区域4""区域5""区域6"的中模制作。（2）完成所有模型的中模制作后，再在3ds Max中进行高模制作，并完成"区域A"和区域"B"的制作，完成模型曲面的造型。（3）在3ds Max中，通过中模减面，获取低模；将金属狮子头高模导入TopoGun进行模型拓扑，得到拓扑后的低模。（4）在3ds Max中，整合低模并进行UVW制作。（5）将武器高模与低模导入八猴（Marmoset Toolbag）中进行烘焙，得到烘焙信息图。（6）在SP（Substance Painter）中，进行模型的材质制作。（7）在八猴中导入武器低模，赋予材质贴图进行展示。最终完成次世代模型的全流程制作。

图 7-2 武器盾牌原画

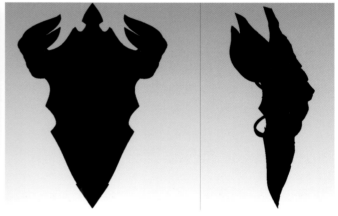

图 7-3 模型剪影正侧面分析

图 7-4 武器盾牌区域划分

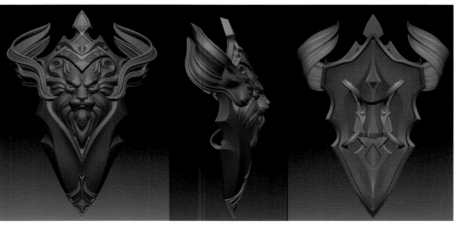

图 7-5 武器盾牌正、侧、背面参考

第二节 武器模型制作

在具备清晰的制作思路后，按照"中模—高模—低模"的顺序，依次制作出完整模型。在此我们运用到的软件有3ds Max、ZBrush和TopoGun。3ds Max用于制作模型的中模、低模，以及部分的高模；ZBrush用于制作模型的高模；TopoGun用于拓扑高模，三者都是模型制作阶段的常用软件。

1. 狮子头大形制作

（1）打开3ds Max，在菜单栏选择"自定义—单位设置"，在"单位设置"下的"显示单位比例"一栏，将"公制"设置为"厘米"，点击"确定"保存，完成系统单位设置，如图7-6。

（2）利用面片方式制作狮子头模型：在3ds Max页面的右侧修改面板，点击"创建—标准基本体—平面"，设置"参数"中的"长度分段"为6，"宽度分段"为2，在前视图窗口中创建一个平面，如图7-7。选中平面，按<W>会显示平面的移动坐标轴，在3ds Max窗口下方找到坐标轴显示，如图7-8，鼠标右键点击X轴和Y轴数值框右边的"上下箭头"可将两轴的坐标归零。在菜单栏下方的工具栏找到"材质编辑器"图标，依次点击"材质球"将材质指定给选定对象，如图7-9。统一模型材质，便于后续制作中对模型的观察。

（3）选中模型，右键"转换为：转换为可编辑多边形"，进入多编辑模式，如图7-10。在3ds Max界面右侧修改面板窗口的"选择"一栏中选中"点模式"，如图7-11。删去平面左右任意一半的面，在菜单栏点击"镜像"，选择"镜像轴"为"X轴"，"克隆当前选择"为"实例"，如图7-12。此时调整平面一侧的顶点时，另一侧可达到同步的对称效果。

（4）在菜单栏下方依次点击"显示功能区—自由形式—偏移"如图7-13，出现可调整的"偏移"工具笔刷。按住"Ctrl"配合鼠标左键，可以调整"偏移"工具笔刷的大小。参考原画，调整出狮子头初步的模型效果，如图7-14。若在调整过程中，出现中线偏移的情况，在3ds Max右侧的"选择"中切换到"边模式"（图7-15），选中中线，按<R>键调出缩放工具，沿Y轴向内拉平，并按<W>调出移动工具后，归零中线的"X"轴坐标，步骤如图7-16。

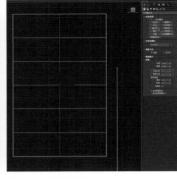

图 7-6 系统单位设置　　图 7-7 创建平面

图 7-8 X轴、Y轴归零

图 7-9 赋予模型材质　　图 7-10 转化为可编辑多边形

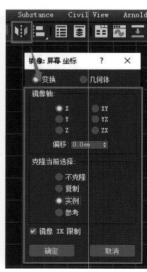

图 7-11 打开点模式　　图 7-12 镜像

（5）使用切割工具，快捷键为<Alt+C>，进一步增加狮子头模型的布线。若要取消切割模式，只需在工作窗空白处击一下右键即可。需要拉出模型厚度时，用鼠标框选突出的点，切换到左视图，按<W>调出移动工具后拉出适当的距离。按<F>键可切换到前视图，按<L>键可切换到左视图。在制作狮子头的过程中，我们要注意模型正面与侧面的结构关系，把握好狮子头模型高低点之间的位置关系，立体地看待并制作模型，如图7-17。

2. 盾牌中模制作

（1）参考制作狮子头模型的方法，使用在窗口右侧"创建—标准基本体—平面"新建平面的方式，在前视图视角创建一个平面，并将其X轴与Y轴坐标归零。选中新建的平面，右键"转换为：转换为可编辑多边形"。选择点模式，删去左右两侧任意一半的点，并使用"镜像"创建沿X轴对称"实例"。在窗口上方"自由形式"中找到"偏移"工具，初步调整出玉石盾牌的大形，参考如图7-18。

（2）根据原画分析可知，玉石盾牌部分表面呈曲面，侧面可观察到一定厚度。狮子头模型镶嵌在玉石盾牌上方，使用"切割"工具切出狮子头对应的玉石盾牌的结构线，如图7-19。选择"边模式"，选中上一步切出结构线，在窗口右侧找到"编辑边—切角"，将切角模式调为"三角形"并增加结构线，如图7-20。随后进一步调整玉石盾牌的大形，如图7-21。

（3）初步完成玉石盾牌的正面结构后，按<Alt+鼠标中键>旋转视角，开始制作玉石盾牌侧面的结

图 7-13 偏移工具

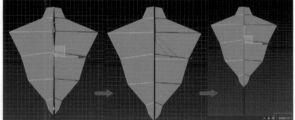
选中中线　　　　打平中线　　　　归零中线
图 7-16 调整中线

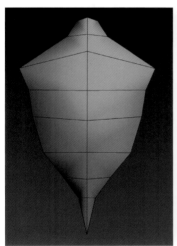
图 7-14 狮子头参考范例

图 7-15 线模式

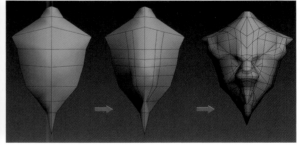
图 7-17 狮子头制作流程参考

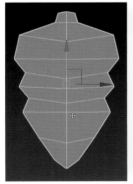
图 7-18 盾牌大形参考

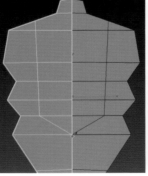
图 7-19 切出结构线

切角工具

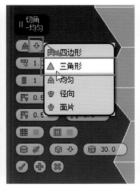
设置模式为"三角形"
图 7-20 使用切角工具

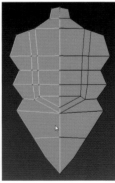
图 7-21 盾牌大形

构。玉石盾牌中间结构突起，选取突起的点，转到侧视图拉出适当距离，并结合原画调整盾牌布线，参考如图7-22。在完善盾牌模型的过程中，可使用"偏移"工具，灵活调整盾牌结构。

（4）完成正侧面的大体形后，开始制作玉石盾牌的厚度。选择"边模式"，双击模型的外轮廓线，并按<Alt>键取消中线的选择；在窗口右侧找到"编辑边"，点击"挤出"，使用"挤出"工具拉出玉石盾牌的厚度；选中厚度上的结构线，在窗口右侧"选择"中点击"环形"，快速选中厚度上环形结构线；在窗口右侧"编辑边"中点击"连接"，使盾牌厚度新增一条结构线；在选中结构线的情况下，从右侧"修改器列表"下拉找到"推力"，并调整数值使新增结构边呈现外张效果；在编辑窗口的"推力"功能上右键点击"塌陷到"，在弹出的警告窗口中选择"是"，完成塌陷；删去盾牌最外侧的结构边，保留塌陷后的结构边，完成玉石盾牌的厚度制作。步骤参考如图7-23，功能参考如图7-24。

（5）需要调整布线等距时，点击"边模式"，在窗口上方的功能区中依次点击"建模—循环—循环

工具"打开"循环工具"窗口，选中需要等距调整的边，点击"间隔"，可在不影响选中边端点的情况下，快速调整边距，如图7-25。注意该功能适应于四边面，不适用于三角面。无法使用快捷工具的结构，可使用"偏移"工具或移动工具手动调整。根据原画的结构，灵活使用3ds Max功能，逐步增加玉石盾牌

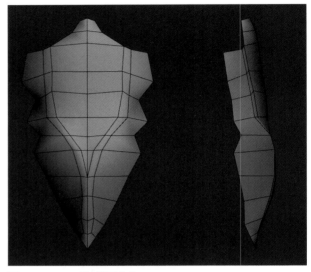

图 7-22 玉石盾牌模型参考

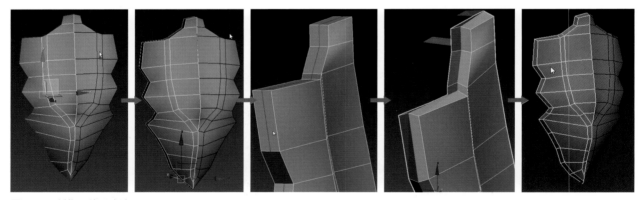

图 7-23 制作盾牌厚度流程

"挤出"工具　　　　"环形"工具　　　　"连接"工具　　　　"推力"　　　　"推力"参数调整

图 7-24 功能参考

内部结构线，如图7-26。盾牌模型背面结构的制作参考图7-27。

（6）玉石盾牌作为整个武器盾牌最基础的模型结构，所有的卡线必须尽量完整且准确，这将为后续的制作奠定重要的基础。完成盾牌模型制作后，保存好工程文件备用。

3. 狮子头高模雕刻

码2 ZB 高模雕刻

在3ds Max中制作出狮子头的大致形态后，导入ZBrush中进行雕刻，制作出狮子头的高模。

（1）打开狮子头的模型文件。狮子头模型处于两侧未焊接状态。在"可编辑多边形模式"下，选中狮子头一半的模型，在窗口右侧"编辑几何体"中找到"附加"，再点击狮子头另一半模型，使之合并成一个对象。在窗口右侧"选择"中切换到"边界"模式，如图7-28。选中狮子头模型会自动显示狮子头模型的边界，按住<Ctrl>键同时用鼠标左键点击"顶点"模式，在右侧窗口找到"编辑顶点"下的"焊接"，如图7-29，调整焊接参数使狮子头模型中线上的点合并。

（2）切换"边界"模式，选中狮子头模型的边界，使用"W"移动工具，按住<Shift>拉出狮子头模型的厚度；选中狮子头模型的边界，使用<R>缩放工具，按住<Shift>缩小狮子头背后边界，如图7-30。为导入ZBrush中进行雕刻做准备。

（3）选中封口后的狮子头模型，在菜单栏依次点击"文件—导出—导出选定对象"，在弹出的"选择要导出的文件"窗口，选择文件存储位置，将保存类型设为OBJ格式，文件命名为"e1"，再点击确认导出文件。在弹出的"OBJ导出选项"中，将"预设值"设置为ZBrush，将几何体导出的"面"设置为"三角形"，如图7-31。完成设置后，点击"导出"。

（4）打开ZBrush软件，在页面右侧"工具"找到"导入"，导入上一步保存的"e1.obj"文件。导入文件后，在左侧材质选项中，选择"MatCap Gray"材质球，如图7-32。在菜单栏下方找到"Edit"编辑对象，开启编辑，如图7-33。在右侧"工具—几何体编辑"中开启"Dynamesh"激活动态网格，如图7-34，并按<Shift+F>关闭网格显示。

（5）按住<Shift>滑动鼠标左键，使用平滑工具，平滑狮子头上五官之外的结构线；按住<Ctrl+Shift>使用切割工具，删掉狮子头上不需要的结构；激活菜单栏下方的"Sculptris pro模式"，如图7-35，使系统自行调整网格；按<X>键激活对称，使用快捷键"B"调出笔刷列表，找到"Move"笔刷，调整狮子头剪影形状；按住空格键调出笔刷数值面板，调整笔刷参数（大小、强度等），合理雕刻，

图 7-25 调整边等距

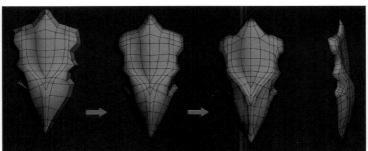

图 7-26 完善玉石盾牌结构

图 7-27 盾牌背面结构参考

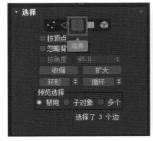

图 7-28 边界模式

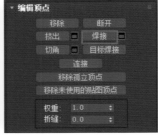

图 7-29 焊接

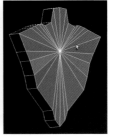

图 7-30 封口狮子头模型

如图7-36。

（6）使用数位板，参考原画雕刻出狮子头模型。"DamStandard"雕刻笔刷可用作区分体块；"Inflat"笔刷可挤出需要的形状，用于制作狮子头两侧突出的毛发；"ClayBuildup"笔刷，可用来增加眉骨结构体块；"hPolish"打平笔刷，可用于处理模型的转弯处；按<Alt>键使用笔刷可以获得反向效果。制作顺序应由整体到局部，由体块勾勒到细节处理。灵活搭配各种ZBrush笔刷，一步一步做出理想的模型

效果。（图7-37、图7-38）

（7）制作狮子头的眼部结构，在右侧"工具—子工具"使用"追加"，增加一个球体，如图7-39。选择球体，使用窗口上方的"缩放轴"将追加的球体调整至眼球大小，使用"移动轴"将球体放置在狮子头左眼眶的位置（镜像对称功能只适用于从左向右对称）。选中左眼球体，在右侧找到"工具—几何体编辑器—修改拓扑"使用"镜像并焊接"功能，创建镜像球体如图7-40。

图 7-31 "OBJ 导出选项"设置

图 7-32 选择灰色材质球

图 7-33 编辑对象

图 7-35 专家模式

图 7-34 "Dynamesh" 动态网格

 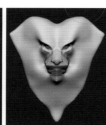 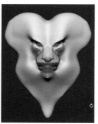 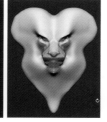

图 7-36 处理狮子头剪影

图 7-37 笔刷参考

 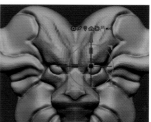

图 7-38 模型参考　　图 7-39 "追加"功能　　图 7-40 追加球体并镜像

图 7-41 狮子头雕刻参考

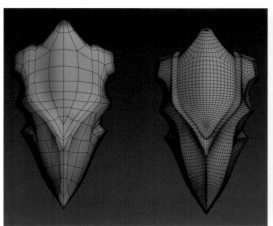

涡轮平滑效果　　　　　　　迭代次数调整

图 7-42 涡轮平滑功能

图 7-43 曲面拾取

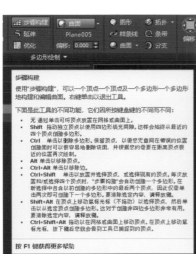

图 7-44 步骤构建功能

图 7-45 区域 A

（8）回顾原画分析，灵活使用ZBrush笔刷，完成狮子头高模的雕刻，步骤参考如图7-41。细化深入时，按<Shift>使用平滑工具，制作平滑面。制作毛发体块上的细节纹理的时候，注意合理的毛发分布，使结构显示更加自然。制作高模过程中，随时留意前视图与侧视图之间的结构关系。

（9）完成雕刻后，保存文件为ZLT格式，命名为"狮子头备用"。

4. 盾牌装饰制作

观察原画可知，除"区域1""区域2"和"区域3"外，其他部分的模型多是贴合玉石盾牌的模型表面。因此在制作盾牌表面的其他装饰之前，需要先确定玉石盾牌的模型，随后在3ds Max中进行其他部分的模型制作。这里主要使用到3ds Max的石墨工具进行制作。

（1）打开先前制作玉石盾牌的工程文件，选中玉石盾牌，在右侧"修改器列表"找到"涡轮平滑"功能，并设置涡轮平滑的主体迭代次数为"2"，使玉石盾牌的模型更加光滑，如图7-42。

（2）选中玉石盾牌，右键"转换为：转换为可编辑多边形"。打开上方"显示功能区"图标，使用该功能区的工具进行接下来的模型制作。在功能区的"自由形式"中点击"曲面"，使用曲面下方的"拾取"点击盾牌模型进行拾取，拾取成功后，"曲面"下方将显示拾取对象的模型名称，如图7-43。点击功能区的"步骤构建"继续制作，鼠标放置在该图标上可显示"步骤构建"的使用方式，如图7-44。

（3）以制作"区域A"为例，如图7-45：冻结盾牌以防误选；使用功能区的"条带"工具，设置该工具的"最小距离"为60，如图7-46，沿盾牌中轴线在盾牌左侧建出黄色区域的模型，大致建造后，可使用步骤构建中的功能，调整条带结构顶点至合适位置，如图7-47。

（4）使用功能区的"一致"笔刷，

将"偏移"数值设置为"0.500"，如图7-48，此时鼠标变成光圈，利用光圈在刚才建好的结构上刷动，使建构的雏形与盾牌保持0.5的距离，便于之后的制作。进一步调整结构上点的位置，可使用"一致"笔刷右侧的"移动一致笔刷"进行调整。

（5）制作该结构的外侧包边，如图7-49：切换到"边模式"，选择一条内结构线并点击"环形"全选该环形上的所有线；点击"连接"，设置数值"段数"为"2"，并扩张数值到合适位置；使用"切角"工具，设置形式为"三角形"，并滑动切角数值到合适位置；此时有三条外结构线，参考原画结构，模型外侧只保留两条结构线即可，因此需要塌陷中间的结构线，最终使外侧结构线只保留两条；切换到"面模式"，选中外侧结构面，使用"挤出"并设置其挤出形式为"局部法线"，拉出外包边结构；整理模型，删除"挤出"时多余的面，为使用"对称"做准备；在挤出的面上，再次使用"连接"功能，设置数值"段数"为"2"，此时删去该面上外侧的结构线，可以得到外包边斜面结构的效果。

（6）参考上述方法，结合功能区工具和3ds Max右侧功能，制作出"区域A"左侧其他结构后，使用"对称"或"镜像"工具完成对称面。制作"区域B"模型同理，先确定玉石盾牌与狮子头模型的匹配位置，在此基础上使用功能区和页面右侧的工具，逐步制作出模型。模型搭建完后，使用"涡轮平滑"，即可做出平滑的高模效果，参考结构如图7-50。

（7）灵活运用3ds Max功能，制作出盾牌背面绑带结构。在原画展示中，直接向制作者展示盾牌背面的结构，要制作一个完整的模型，还需要考虑模型360°的展示效果。盾牌背面模型细节参考如图7-51。

码3 3ds Max石墨工具

图 7-46 条带工具

图 7-47 建造结构雏形并调整

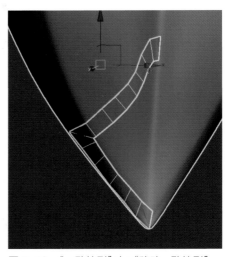

图 7-48 "一致笔刷"与"移动一致笔刷"

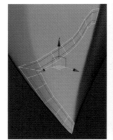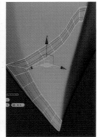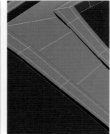

图 7-49 制作外包边结构

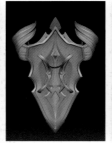

正面参考　　　　　　斜侧面参考　　　　　　背面参考　　　　　　细节参考

图 7-50 区域 B 参考　　　　　　　　　　图 7-51 盾牌背面结构参考

5. 翅膀模型制作

分析原画得出，武器盾牌两侧的翅膀造型突出，两头尖、中间粗，整体曲面弧度大，弯曲转折多。我们可以选择运用"样条线"或者"面片起形"的方式进行翅膀的模型搭建。这里我们选用样条线编辑作为示范。

（1）在右侧创建面板找到"图形"按钮，选择"线"，如图7-52。参考原画，在视图窗口空白处，用样条线勾出翅膀的走向，如图7-53。在右侧面板找到"修改"，点击"渲染"，勾选"在视口中启用"，并勾选下方"矩形"调整相关参数，制作出翅膀模型的雏形，如图7-54。"长度"和"宽度"可以调整模型形体，"角度"可调整模型的倾斜度，参考效果如图7-55。

（2）切换到左视图，继续手动调整翅膀的模型曲线。确定造型后，右键点击"转换为：转换为可编辑多边形"，统一选择灰色材质球，并更改结构线颜色为"黑色"。切换到"多边形"模式，删去除了正面以外的所有结构，保留翅膀的面片造型。切换到"边模式"，进一步调整翅膀模型。使用<E>键放大

缩小工具和<R>键旋转工具，可在不改变翅膀走势的情况下，调整翅膀造型。（图7-56）

（3）制作更流畅的翅膀形态，可增加结构线，进一步调整。选择外侧环形边，在功能区找到"建模"，点击"设置流"，如图7-57，统一增加翅膀模型的内结构线。选择一条内部结构线，点击"环行"自动选中所有内部结构线，点击右侧工具栏的"连接"，为翅膀增加一条中轴结构线。效果参考如图7-58。

（4）在右侧找到小扳手"实用程序"，点击"重置变换"，再点击"重置选定内容"，如图7-59，完成重置。点击翅膀模型，点击右键选择"转换为：转换为可编辑多边形"，完成塌陷。新增的中轴线可以使用"修改器列表"中的"推/拉"工具拉出造型。

（5）切换"点模式"调整翅膀造型，确定造型后切换为"边模式"，选择中轴线，使用"切角"工具，设置切角形式为"三角形"，并调整数值让中轴线一分为二，完成后使用"挤出"工具拉出翅膀模型上的凸起结构。完成后，删去模型上下多余的面，效果如图7-60。

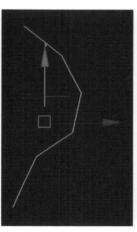
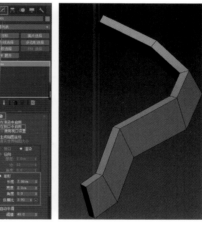

图7-52 创建样条线　　图7-53 勾勒翅膀走向　图7-54 设置　　图7-55 参数调整效果　　图7-56 翅膀造型
　　　　　　　　　　　　　　　　　　　　　　　样条线参数

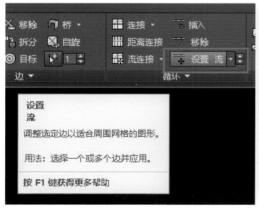

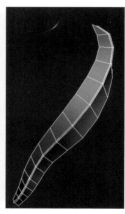

图7-57 设置流　　　图7-58 翅膀参考　　图7-59 重置变换　　图7-60 翅膀模型餐考

图 7-61 翅膀造型参考　　　　　　　图 7-62 拆分模型　　　　图 7-63 模型保留部分参考

（6）制作翅膀的外包边时，选中外轮廓线，使用"挤出"工具并调整相关数值，点击"环形"，按住<Ctrl>键，同时点击"多边形"模式使系统快速选中新挤出的外边面。优化布线，使外边结构皆为四边面，构成环形边。再次使用"挤出"工具，制作出翅膀的外包边结构。参考原画，利用以上方法，构建出完成的翅膀模型。制作完成后，使用"涡轮平滑"细化模型，使模型达到原画效果，如图7-61。

第三节　武器拓扑制作

码 4 TopoGun
拓扑低模

完成前期的模型制作后，在3ds Max中我们可以整合得到完整的狮子头盾牌高模。接下来我们需要进行拓扑制作，这里主要运用到的是3ds Max与TopoGun软件。因低模面数的限制，模型各部分的比例都有所要求，故在该例示范中，当武器模型拓扑后的面数为6000左右时，该狮子头模型面数应控制在3000左右。

模型的材质各不相同，在拓扑时需要根据不同的材质分区拓扑。如在原画中，狮子头的模型和头顶的宝石装饰模型，虽然位置接近，但为了后期在Subsance Painter中更好地进行材质赋予，需要将两者的模型分别拓扑。除这两部分以外，模型的其他部分都可以在3ds Max中，通过对高模减面，直接获取低模。这里主要演示在TopoGun中的制作流程。

1. 准备工作

（1）将整理好的狮子头盾牌高模整体导入ZBrush软件，此时该模型未拆解，在右侧工具栏点击"子工具—拆分—按组拆分"，完成模型拆分，如图7-62。

（2）根据原画分析，在子工具中隐藏不需要进入TopoGun拓扑的模型，保留需要拓扑的部分，保留部分参考图7-63。点击子工具"拆分"下方的"合并"，点击"合并可见"，生成一个上一步保留部分的模型。点击新生成的对象，打开ZBrush右侧的"绘制多边形线框"图标，点击快捷键为<Shift+F>可以看到目前模型的颜色分组，此时模型未进行分组，颜色分组显示会较为混乱，按<Ctrl+W>即可统一颜色分组，我们将两个宝石分成一组，除宝石以外的区域统一成另一组。为了后期法线烘焙的完整性，此时模型之间的接缝也需要进行处理，尽量不要留有空隙。

（3）完成子工具内部分组后，在右侧"工具"点击"导出"，将文件命名为"lion_hig_fenzu"，选择导出格式为OBJ，为进入TopoGun做准备。这里需要注意的是TopoGun软件不识别FBX格式文件。

2. 模型拓扑制作

（1）打开TopoGun软件，在菜单栏点击"File—Load Reference Mesh"，并载入参考网格打开文件"lion_hig_fenzu.obj"，此时模型外会显示"黄色的轮廓线"和"方形的选区框"，点击页面中央上方的"Show Contour"与"Show Building Box"两个图标关闭显示，如图7-64。在TopoGun中，<Alt+左键>可旋转视角，<Alt+右键>可放大缩小，<Alt+中键>可以平移视角。

（2）点击菜单栏下方的"＋"号，开启TopoGun的编辑模式，如图7-65。此时，右侧"Sence"图层列表会新增一个拓扑层，左侧下方出现编辑工具栏，页面中央上方新增编辑工具。这里我们创建两个拓扑层，一个用于制作狮子头上的两个宝石结构，一个用于制作除两个宝石以外的结构。此处，我们用后者进行讲解。

（3）选中新增的拓扑图层，选择左侧工具栏"编辑"工具，在狮子头上进行拓扑绘制，如图7-66。如：绘制狮子头上方的V形装饰，用"Edit"工具，点击绘制出一半的外轮廓，在闭合线条时，

图 7-64 关闭外框显示

新增工具

新增拓扑层

图 7-65 拓扑编辑模式

图 7-66 右侧工具栏

图 7-67 使用桥接工具

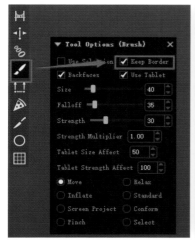

图 7-68 Brush 工具

图 7-69 拓扑参考

按住<Ctrl>键，在出现红色的点时松开鼠标，完成闭合；选择左侧工具栏的"Bridge"桥接工具，将鼠标移动至刚才创建的线框上，在出现红色的提示连接线条时，长按鼠标在线框中拖动，直至完成创建，如图7-67。按此步骤，依次创建出合适的拓扑图层。注意：在创建点的时候，需要考虑到桥接时的合理性，两侧点的位置需要一一对应；创建的点为闭合的三边形或四边形时，系统默认创建成面。在创建同时，点击鼠标右键可快速切换"Edit"和"Create"工具；键盘上1、2、3键分别对应"点模式""线模式"和"面模式"，按键即可快速切换。

（4）创建面后，可以逐一调整点的位置，也可以使用"Brush"笔刷工具整体调整拓扑层。该工具类似ZBrush中的"Move"笔刷，能够通过设置笔刷大小，控制调整范围。在页面的"Tool Options(Brush)"中可以设置"Brush"工具详细参数，如勾选"Keep Border"选项，使用"Brush"工具时，可以在不改变外轮廓位置的基础上，调整内部点的位置，如图7-68。

（5）拓扑层制作的模型，就是之后可直接导入3ds Max中的低模。所以考虑到低模的面数限制问题，在制作拓扑层的过程中，面对可烘焙的结构要有所取舍。如：处理V形装饰和狮子头毛发的衔接处，在毛发的最高点创建点，先构建出大致的区域，再对其中需要加线的结构处进行加线，来控制低模面数。制作拓扑层时，要讲究布线均匀、合理。

（6）参照上述方法，完成两个拓扑层制作。因软件中自带对称功能，所以只需完成模型一半的拓扑制作即可，效果如图7-69。注意，这里对齐中轴线上的点的方法有两种：一是直接导出该模型后再导入3ds Max，使用<E>键的放大缩小工具打平中轴线，

并使用"对称"获取完整的拓扑低模；二是直接在TopoGun中进行操作，点击"Edit"工具，在页面的"Tool Options(Edit)"面板中勾选"Backfaces"，并框选模型中轴线上所有的点，点击页面中央上方的"Modify Symmetry"中的"Zero Snap"，便能对齐中轴线，按快捷键<3>进入"面模式"，点击"Modify Symmetry"中的"Create Symmetry"，系统会沿中轴线完成拓扑层的对称，鼠标框选中轴线上的点，在窗口上方"Modify Vertices"中，找到"Weld Vertices"，点击完成点的焊接。

（7）分别完成狮子头和宝石的拓扑层制作，检查确认无误后，点击一个需要导出的拓扑层，在菜单栏点击"File—Export Mesh"导出，在弹出的导出文件窗口中选择文件储存位置，将文件命名为"face"，导出为OBJ格式，保存好文件即可。

第四节 武器 UVW 编辑

模型的UV制作是次世代游戏制作流程中重要的一环，在准备展平UV前，我们照例对武器模型进行分析。由UV平展的基本规律可知，面对模型中可对称或贴图共用的模型结构，需要选择性对模型进行删减，保留共用的部分在UVW编辑器中展开，这样可以减少占用UVW编辑器的空间，达到更加合理利用空间的效果。

码 5 UV 编辑

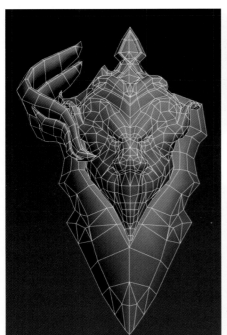

图 7-70 模型保留部分

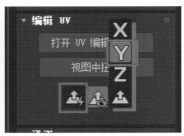

图 7-71 快速平展功能

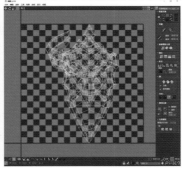

图 7-72 UV 的 Y 轴映射

1. 准备工作

（1）完成所有低模的制作后，打开3ds Max软件，将武器盾牌的高模和低模逐个导入并整合，完成高低模的匹配。

（2）整合低模时，需要删去可被隐藏的面，以减少模型面数。检查模型接缝，使用"边模式"，框选武器模型进行检查，避免穿模现象，若有部分结构穿插有误，使用<W>键移动工具手动调整即可，务必保证模型接缝自然，降低返工概率。

（3）确认模型无误后，隐藏高模，保留低模，开始模型的UVW制作。

2.UV 制作

（1）选中武器盾牌的低模，在右侧点击"实用程序—重置变换—重置选定内容"，完成模型重置。

（2）根据武器盾牌的原画分析，删去可共用的模型结构，待保留下的模型UV制作完成后，进行对称即可，如图7-70。选中保留的武器盾牌低模，在"修改器列表"点击"UVW展开"，将右侧列表切换成UVW编辑工具。

（3）选中所有武器盾牌低模，在"编辑UV"框中点击"打开UV编辑器"，设置其下方第三个图标"对齐快速平面贴图"中的法线参考为Y轴，并点击第一个"快速平面贴图"图标，如图7-71，使弹出的"编辑UVW"窗口中的UV平展成前视图视角，如图7-72。完成整体映射后，将模型UV移出方格范围，留出UV平展的空间。查看UV贴图是否变形，可将"UVW编辑器"右上角的棋盘格显示打开辅助制作。

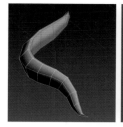

图 7-73 内侧选中部分（红色区域）

图 7-74 自动平滑

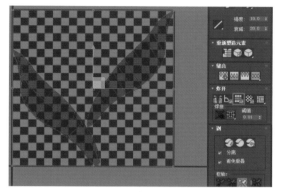

图 7-75 通过平滑组平展

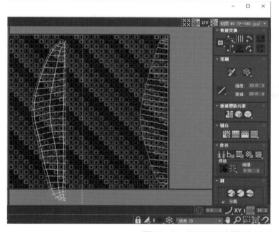

图 7-76 平展翅膀模型 UV

图 7-77 玉石盾牌 UV 展开

（4）灵活使用页面功能平展UV，以翅膀模型为例：选中一个翅膀模型，右键选择"转换为：转换为可编辑多边形"，按4进入"多边形"模式；考虑到UV平展的合理性，预设将翅膀模型的内侧分为一个平滑组，之外的面分为一个平滑组，如图7-73，在右侧"多边形：平滑组"中，选中内侧区域，点击"自动平滑"，调节数值为80，如图7-74，完成一个平滑组设置。同理，按<Ctrl+I>反选模型面，进行"自动平滑"，完成第二个平滑组设置；选中该模型，在修改器列表进入"UVW展开"，点击"打开UV编辑器"，在"编辑UVW"中，使用右侧"炸开"工具框中的"通过平滑组展平"，如图7-75；在该窗口菜单栏点击"工具—松弛"，使用出现的"松弛工具"窗口的"开始松弛"，可以快速平展UV；使用右侧"快速变换"中的对齐工具，在网格不拉伸的前提下，打平并整合可编辑的边，提高UV编辑器的利用率，如图7-76。

（5）以玉石盾牌大形为例：选中玉石盾牌模型并孤立显示，参考制作翅膀模型的平滑组的方法，将玉石盾牌分为正背面两个平滑组；右键点击"转换为：转换为可编辑多边形"，由于玉石盾牌左右对称，可直接删去一半对称的模型面；选中模型，在"修改器列表"打开"UVW展开"，使用"通过平滑组展平"功能，将盾牌前后面的UV自动分离；检查模型UV拉伸情况，使用"松弛"工具展平UV，并拉平模型的中轴线；找到右侧"UVW展开"右键"塌陷到"，使用"镜像"复制对称模型，并"附加"在一起；使用"焊接"将模型中轴线上的点合并，并通过"边界"模式检查焊接是否成功；再次进入"UVW展开"，点击"打开UV编辑器"，在"面模式"下，使用其左上方的"水平翻转"功能，翻转重合的UV；按2进入"边模式"，选中中轴线上需缝合的线，右键"选定缝合"，完成正反面UV中轴线的缝合；最后观察模型UV拉伸情况并松弛模型，避免模型UV重合，完成玉石盾牌的UV平展。（图7-77）

（6）制作狮子头模型的UV流程，与上述方法相同。删去一半狮子头模型，并将狮子头模型整体分成正面和背面两个平滑组，进入UVW编辑器，使用"通过平滑组展平"功能，快速分离UV；选中狮子头正面（或背面）的UV，使用"松弛"工具平展UV，因狮子头模型布线较为复杂，出现无法借助松弛平展的部分，则需手动调整UV，避免UV重合；调整好UV后"塌陷全部"，并使用"镜像"复制、焊接模型；参考制作玉石盾牌UV的方法，同步在UVW中缝合接缝，松弛调整得到狮子头模型的展平UV。

（7）参照上述方法，依次展平剩余武器盾牌模型的UV。考虑到盾牌模型占比的合理性，以方格为准，UV在方格中占有的位置越大，精细度越高。所以分配模型UV在盾牌中的占比时，精细度要求高的占位大，精细度要求低的占位小。合理摆放模型UV，利用好模型空间，UV摆放参考如图7-78。共用部分的模型完成对称后，拖动至第二象限即可。

第五节　武器模型贴图的绘制技巧

进入武器模型的贴图制作章节，我们会使用到新的软件——八猴（Marmoset Toolbag：一款烘焙软件）和SP（全称Substance Painter：一款材质赋予与绘制软件）。在次世代模型制作的流程中，我们需要提前在八猴里烘焙，得到足够的信息图，以便于后续在SP中进行贴图制作。在烘焙之前，我们需要分别整理高模和低模，确保高低模型的匹配率。

码6 八猴贴图烘焙

1. 准备工作

（1）在3ds Max中打开制作好UV的低模文件，如图7-79。

（2）将低模中具有穿插关系的模型进行分离，确保每一个模型组里的模型位置相离，避免后续在八猴中烘焙出错。在电脑上新建一个文件夹并命名为"baking"，检查无误后从3ds Max中导出，命名为"low"，文件格式选择FBX文件，导出时勾选"几何体"中的"平滑组"和"三角算法"，确保导出的模型信息完整。

（3）在ZBrush中打开制作完成的武器盾牌高模，确保模型的所有部件分离。并在ZBrush中进行

模型的颜色分组，确保相同材质的部位以及需要单独绘制的部位分在一个组，分组情况如图7-80，为后续的信息图烘焙做准备。在菜单栏找到"Z插件"下的"子工具大师"，点击"导出"勾选"Export as single file"后，点击"OK"导出。导出时，将文件保存在新建的"baking"文件夹中，文件命名为"hig"，格式为OBJ。

2. 烘焙贴图

（1）打开八猴软件，将"baking"文件夹中的低模和高模文件依次拖入。

（2）在八猴的菜单栏下方，点击"New Baker Project"创建一个Baker组，点击旁边的"+"图标，可以创建一个Bake Group，如图7-81。新建的Bake Group下方有"High"和"Low"两个区域，也是高模与低模对应存放的地方。

（3）新建多个Bake Group，将同一个区域的高低模型对应拖入一个Bake Group中。以翅膀模型为例，将左右的翅膀看作一对，双击一个Bake Group组重命名为"chibang1"，在low组中找到翅膀的低模拖入"chibang1"下的Low区中，在High组中找到翅膀的高模拖入"chibang1"下的High区中。完成一组的高低模型分组。由此类推，重命名两个Bake Group为"chibang2"和"chibang3"，将剩余的两组翅膀模型一一分组配对。完成后隐藏分组。

（4）以狮子头模型为例，可将一个Bake Group命名为"face"，在low组中找到狮子头拓扑过的低模拖入"face"下的Low区中，在High组中找到狮子头对应的所有高模部件拖入"face"下的High区中。完成后隐藏分组。同理，创建"dunpai（盾牌）""pidai（皮带）"和"lingjian（零件：皮带扣和宝石）"的Bake Group，将相应的模型一一对应分组。

图7-78 UV摆放参考

图7-79 低模参考

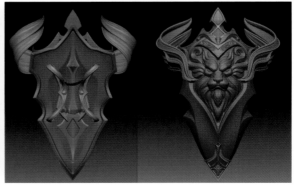

图7-80 高模颜色分组参考

（5）完成分组后，点击列表下方的"H"或"L"可以显示（隐藏）高模和低模，先点击"Bake"进行烘焙，再点击<P>可以查看低模获取贴图后的烘焙效果，如图7-82。调整下方的信息图导出设置，如图7-83，点击Output下一行右侧的"…"可选择存储位置，新建一个名为"toolbagtex"的文件夹用以保存贴图，贴图命名为"szd"，贴图格式为PSD。完成信息设置后，勾选下方"Maps"中的Normals，点击"Bake"进行Normals信息图导出测试。

（6）导出成功并确认信息图无误后，勾选Normals、Normals（Object）、Position、Curvature、Thickness、Ambient Occlusion和Object ID，总共导出7张信息图，如图7-84。因AO图（Ambient Occlusion）和Thickness导出时间较长，可将两张图单独导出。注意，导出AO图时，需点击Maps下AO图后方的小齿轮，勾选Floor Occlusion并设置Floor的数值为0.3。

（7）检查所有导出的信息图，确认无误后，保存好八猴文件备用。

3. 贴图制作

（1）在进入SP软件开始制作贴图之前，打开3ds Max，找到武器盾牌的低模进行法线和UV的检查。

（2）选中武器盾牌低模，右键"转换为：转换为可编辑多边形"，将所有的低模"附加"在一起，并在"材质编辑器"中赋予武器盾牌一个新的材质球。在"材质编辑器"中打开"贴图"，勾选"凹凸"，并将该数值设置为100，如图7-85。点击"凹凸"后方的"无贴图"进行

图 7-81 创建 Baker 组

图 7-82 显示设置

图 7-83 信息图设置

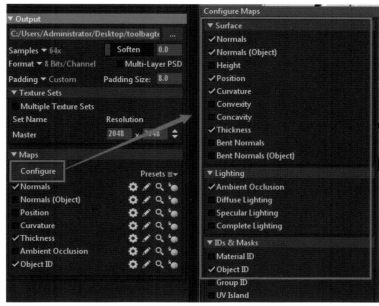

图 7-84 信息图选择

图 7-85 材质球设置

码 7 SP 贴图制作 1

贴图，在弹出的窗口选择"法线凹凸"，随后在"材质编辑器"的下方找到"法线"，在"法线"后方的"无贴图"中选择"位图"，并将Normals信息贴图导入，给材质球命名为"E1"。

（3）在3ds Max中，找到材质球展示下方的"视口中显示明暗处理材质"，长按直至出现后方的黑色图标选项，点击黑色图标，使武器盾牌低模展示法线凹凸效果，如图7-86。完成后检查贴图效果，可在UV编辑器中通过调整UV来达到微调模型细节的效果。为保证模型UV识别完整，在UV中将先前拖至第二象限的共用UV拖回重合，也可删去共用部分模型，使用"镜像"对称获取重合UV，注意调整"镜像"后的焊接点，保证模型的完整。

（4）检查无误后，将武器盾牌模型附加为一个对象，在菜单栏"文件—导出—导出选定对象"，导出文件命名为"e1_low"，导出格式为OBJ，勾选"三角面""法线"和"平滑组"信息，确认导出。

（5）打开SP，在菜单栏点击"文件—新建"，设置文件分辨率为2048，法线贴图格式为"OpenGL"，勾选"极端每个片段的切线空间"，点击"选择"找到保存好的e1_low.obj，点击OK。在右侧纹理集设置中，将材质球命名为"E1"，统一命名。

（6）在SP页面下方的"展架"中，找到"项目"点开，将制作好的7张信息图直接拖入"项目"右侧的展示框内，如图7-87。在弹出的"导入资源"窗口中，全选导入的PSD文件，将后方的文件类别选择"texture"，在下方"将你的资源导入到："选择为"项目文件'Untitled'"使导入的图只应用于当前的文件。点击"导入"，完成素材导入。（图7-88）

（7）在SP右侧点击"纹理集设置"，滑动该列表到底可看到"模型贴图"区域，将"项目"中的图片拖动到相对应的位置，如图7-89。在右侧点击"显示设置"图标，在"背景贴图"中，选择一个清晰的环境球，下拉找到"激活次表面散射"，勾选且调高相应数值。如图7-90。点击右侧"着色器设置"，将材质选择为"pbr-metal-rough"，如图7-91，并勾选"Subsurface Scattering Parameters"下的"Enable"设置"Scattering Type"为"Translucent"模式。

（8）根据原画中武器盾牌的材质构成，做好材质分组。在右侧图层列表，新建一个"填充图层1"并按<Ctrl+G>组合键，双击文件夹名将其重命名为"黄

色金属"。完成后，复制粘贴该文件夹5个，分别命名为"白色金属""OP翅膀""宝石""SSS玉石"和"盾牌把手"。给5个文件夹中的"填充图层"赋予不同的颜色，进行视觉区分，更改填充图层的颜色，在左侧的"填充"区下方的"Base Color"中设置。如图7-92。

（9）给不同的分组添加对应的区域范围。以"黄色金属"的文件夹分组为例：在黄色金属文件夹中，右键"添加黑色遮罩"并右键"添加颜色选择"，此时左侧出现"颜色选择"面板，点击下方"颜色"旁的"选取颜色"，视图窗口的UV展示区域会显示UV的ID贴图。根据原画中黄色金属的范围，添加相应的ID遮罩区域即可，如图7-93。若选区贴图显示存在明显接缝，可右键"添加绘图"用笔刷在接缝处进行处理。同理，对其余文件夹进行相同操作，利用好ID贴图划分选区。

图 7-86 展示法线贴图

图 7-87 展架—项目

图 7-88 SP 导入烘焙图

（10）删去已有的填充图层，在页面下方的"展架"中点击"材质"，选择一个合适的金属材质效果，拖入"黄色金属"组中。在左侧"属性—填充"的"Color"中，选择一个深黄色；复制、粘贴金属图层，更换Color为浅黄色，命名深黄色金属图层为"固有色1"，命名浅黄色金属图层为"固有色2"，如图7-94。

（11）选择"固有色2"，右键"添加黑色遮罩"，再右键"添加填充"。在"展架"里的"程序纹理"中找到渐变图层，拖入左侧"灰度"下方，使亮部图层出现渐变效果。在"填充"中选择"映射"为"三面映射"模式，在列表下方调整相关参数到合适的范围，此处参数中的"Tiling"始终为1。（图7-95）

（12）在"固有色2"点击右键"添加色阶"，在左侧的"色阶"面板调整数值，使该图层的色阶过渡更加柔和。若窗口显示的模型效果不明显，可以在窗口上方点击查看方式切换到小窗口，选择"Mask"，可以查看到黑白的蒙版遮罩效果，调整完成后，切换回"材质"查看方式即可。（图7-96）

（13）进行黄色金属的暗部制作。新建"填充图层"，命名为"暗部"，保留所需的通道（Base Color和Roughness），在左侧的"Base Color均一颜色"中，挑选一个深色方便观察暗部范围；在"暗部"图层上，右键"添加黑色遮罩"，再右键"添加生成器"，在左侧出现的生成器窗口，点击"生成器"选择AO（Ambient Occlusion）图，调整生成器窗口的参数，如图7-97。在"暗部"点击填充图层

图 7-89 模型贴图位置

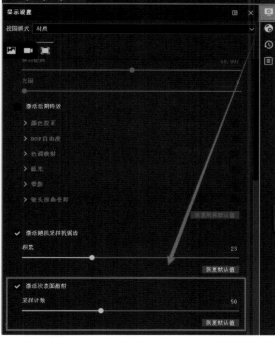

图 7-90 激活次表面散射

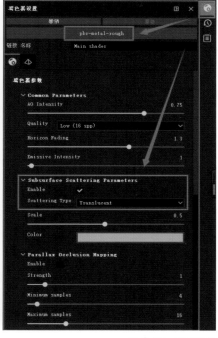

图 7-91 材质确认

图 7-92 打包分组

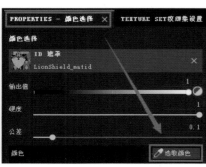

图 7-93 选择分组区域

图 7-94 材质颜色

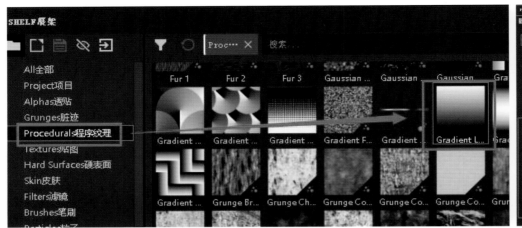

渐变纹理

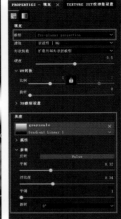

设置参数

图 7-95 制作蒙版渐变映射

的填充属性，使左侧面板切换到"属性—填充"页面，调整"Roughness均一颜色"选项，使暗部范围到达理想效果，待暗部范围确定后，调整"Base Color均一颜色"中选择一个正常的暗部色，如图7-98。

（14）同理，制作模型的磨损。新建填充图层，命名为"磨损"，保留所需的通道（color和rough），在左侧的"Base Color均一颜色"中，挑选一个较亮的黄色便于观察；在图层上点击右键"添加黑色遮罩"，再右键"添加生成器"，选择"Metal Edge Wear"生成器，调整相关参数到合适数值，如图7-99；切换到"属性—填充"页面，调整"Roughness均一颜色"和"Base Color均一颜色"参数，使亮部范围到达理想效果；在"亮部"图层上点击右键"添加绘图"，使用笔刷在狮子头亮部金属模型磨损不到的地方进行处理，使金属效果更加合理自然。

（15）制作狮子头上的灰尘等更多细节。复制粘贴"磨损"图层，右键"清除遮罩"并重命名为"亮部"，将该图层置于"磨损"图层的下方；右键"添加绘图"，在展架的"笔刷"中选择一个适合绘制脏迹的笔刷，在狮子头模型上容易出现脏迹的地方进行绘制（如鼻头、眉头和面颊处）；右键"添加滤镜"， 在左侧的"属性—滤镜"中添加模糊的滤镜效果"Blur"，调整相关参数，以降低亮部磨损的颗粒效果，如图7-100；右键"添加色阶"调整参数，可以进一步调节图层的明暗；根据原画，在狮子头"亮部"图层"属性—填充"中调整粗糙度数值，使亮部图层的粗糙度数值低于磨损图层的粗糙度数值。

（16）若要制作更多的纹理效果，如制作狮子头模型上的脏迹效果，可复制暗部图层右键"清除遮罩"，在添加生成器里选择"Dirt"并调整参数，完成脏迹效果的制作；制作狮子头上的划痕效果，可在暗部图层右键"添加填充"，并设置该

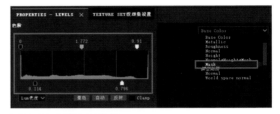

图 7-96 调整色阶数值

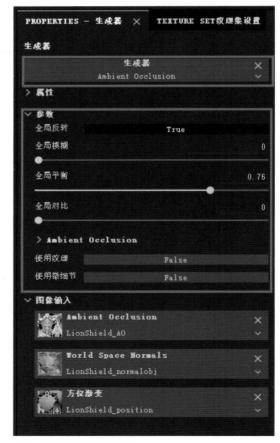

图 7-97 调整生成器参数

图 7-98 调整属性 – 填充参数

图 7-99 调整生成器参数

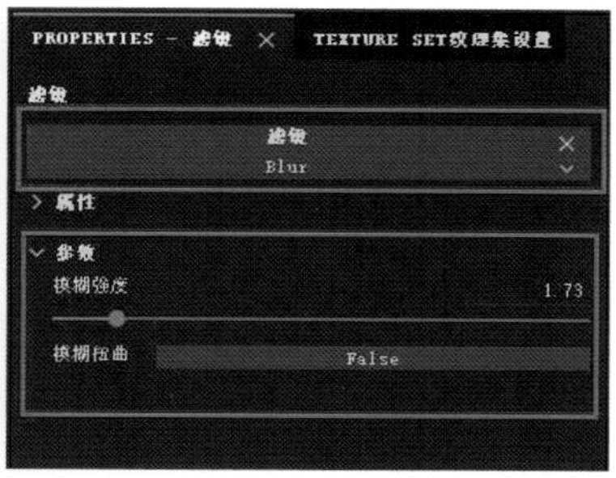

图 7-100 设置滤镜参数

图 7-101 关闭图层材质信息

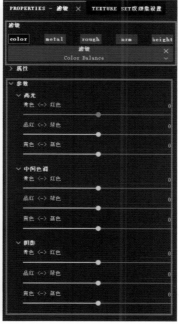

图 7-102 整体添加纹理效果

图 7-103 设置色彩平衡参数

（18）完成狮子头模型的贴图制作后，全选"黄色金属"组内的所有图层，按<Ctrl+G>打包命名为"Base 1"，将其直接拖入上方"白色金属"组中。检查白色金属选区无误后，参照制作黄色金属的方法和流程，根据原画效果，直接在"白色金属"组下的"Base 1"中调整相关参数，完成白色金属的制作。

（19）制作狮子头玉石部分之前，参考原画，打开右侧"着色器设置"，将Subsurface Scattering Parameters下的Color选色设置成接近原画散射中的黄绿色，有助于在接下来制作玉石的过程中，呈现更加自然的效果。找到"纹理集设置"，在其下方的"通道"栏添加"Scattering"通道，如图7-104。打开之前命名好的"SSS玉石"组，点击组内唯一的填充图层，将该图层"属性—填充"中"Scattering"数值调高，且在"Base Color"挑选一

填充的模式为"相减"，在展架"脏迹"中找到合适的划痕效果拖入该图层进行制作；完成狮子头的细节制作后，可在"黄色金属"组中的最上层"添加填充图层"，关闭该图层的所有材质信息，如图7-101。点击鼠标右键"添加滤镜"，在左侧"属性—滤镜"中，选择"MatFinish Raw"滤镜，调整相关参数，如图7-102；随后降低图层透明度，右键"添加黑色遮罩"，将亮部图层的黑色遮罩复制粘贴到该图层，制作出狮子头模型统一的金属纹理效果。

（17）制作狮子头的统一色调，可以通过添加RGB通道实现：在"黄色金属"组中，添加填充图层命名为"统一滤镜"，设置图层模式为"穿过"，关闭图层所有材质信息，右键"添加滤镜"，保留滤镜的"color"信息通道，添加"Color Balance"（色彩平衡）滤镜，参考原画在参数中调整即可，如图7-103。

个合适的玉石底色（深色），完成后对该图层重命名为"固有色"。

（20）制作玉石盾牌：复制、粘贴"固有色"图层，新图层重命名为"固有色2"，参考原画，调整该图层"Base Color"为盾牌的亮部颜色。随后先右键"添加黑色遮罩"，再点击右键"添加填充"。将"展架"下的"项目"中导入的thickness贴图（厚度图）拖入左侧"属性—填充"的"灰度"中，如图7-105，使盾牌上玉石材质的颜色呈现出薄处透、厚处深的特性。若需进一步加深玉石材质效果，可在"固有色2"上点击右键"添加色阶"，通过色阶数值调整，加强玉石材质的呈现效果。

（21）制作玉石盾牌上的提亮效果。复制粘贴图层"固有色2"，重命名该图层为"边界"，并点击右键"清除遮罩"。在"Base Color"中选择一个更亮的颜色，关闭该图层除去"color"和"rough"以外的材质信息，并调整粗糙度（Roughness）数值。最后在该图层上点右键"添加生成器"，选择"Curvature"生成器（图7-106），直接制作出玉石的边界效果。若要微调图层效果，可通过设置图层透明度来达到理想效果。

（22）点击"固有色"图层，保留该图层的"color"和"scatt"通道，如图7-107，重命名该图层为"厚度"。点击右键"添加黑色遮罩"，再

点击右键"添加填充"，将thickness贴图拖入左侧的"灰度"下方。进一步调整图层厚度展示的效果，可点击右键"添加色阶"，通过调整色阶数值达到符合原画的理想效果。复制、粘贴"厚度"图层，点击右键"删除遮罩"，重命名为"固有色"，保留该图层的"color""metal""rough""nrm"以及"height"材质信息，调高该图层的"Base Color"亮度，并适当调整相关参数，如图7-108。此时"SSS玉石"组创建图层数量如图7-109。

（23）将"SSS玉石"组内的4个图层全选并打包，命名为"SSS"。根据原画设计来制作玉石盾牌上如星点状的装饰。通过"纹理集设置"，添加"Emissive"（发光）通道；在"SSS玉石"组下新建填充图层，命名为"发光点"，保留图层的"color""scatt"和"emiss"通道，在"Base Color"和"Emissive"中选择一个亮黄色用于制作；点击右键"添加黑色遮罩"，再点击右键"添加填充"，在页面下方的展架中搜索"Spot"（斑点），选择一个合适的斑点花纹，直接拖入左侧的灰度下方，调整相关数值进行制作；在该图层上，再次点

码8 SP贴图制作2

图7-104 新增"Scattering"通道

图7-105 添加thickness贴图信息

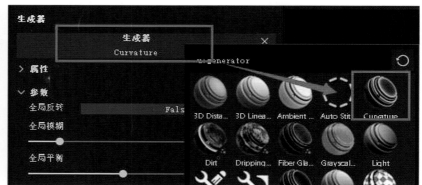

图7-106 "Curvature"生成器

击右键"添加填充",重复上一步制作一层星点花纹,完成后将该"填充"的模式选为"相减",并将该填充的透明度降低,使玉石上的发光点呈现出若隐若现的效果,如图7-110。也可添加绘图,使用笔刷将盾牌上光点稀疏的地方抹去。最后统一色调,右键点击发光点图层"添加色阶",调整数值使玉石盾牌效果更加统一。接下来制作发光点的光晕,复制、粘贴"发光点"图层,新图层重命名为"光晕",添加"Blur"滤镜调整模糊数值,做出发光点的光晕效果。

(24)制作武器盾牌上的宝石材质贴图。将宝石组中的填充图层重命名为"基础材质",保留图层的"color""metal""rough"和"height"材质通道,设Metallic(金属度)数值为0,为方便制

作,暂时将"Base Color"设为黑色,保留一定的Roughness(粗糙度)数值(图7-111),待后续制作中再进一步调整数值。复制、粘贴该图层,新图层重命名为"厚度",并调亮"Base Color"颜色。点击右键"添加黑色遮罩"和"添加填充",并将thickness贴图拖入左侧的"灰度"下方。再点击右键"添加色阶",通过调整色阶加强thickness贴图的通透效果。参考制作狮子头上脏迹的步骤,新建填充图层,保留图层的"rough"材质通道,通过添加合适的纹理增强宝石上的细节效果。完成宝石上的纹理制作后,在"基础材质"图层中调整"Emissive"颜色,选择一个暗黄色作为宝石的固有色。点击"厚度"图层,在"Emissive"中选择一个亮黄色作为宝石的反光色,宝石制作效果可参考图7-112。

图 7-107 保留"color"和"scatt"通道

图 7-108 调整固有色图层通道和参数

图 7-109 SSS 玉石组

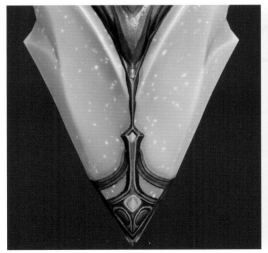

图 7-110 玉石盾牌制作效果

图 7-111 设置"基础材质"图层属性

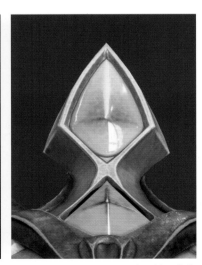

图 7-112 宝石效果参考

（25）制作武器盾牌的透明翅膀，需保存好现有的SP制作文件，返回3ds Max找到武器盾牌低模，选中武器盾牌，给武器盾牌赋予一个新的材质球，并将材质球命名为"E2"，随后导出FBX文件。在SP的菜单栏找到"编辑"，点击"项目文件配置"，将上一步生成好的FBX文件导入，此时SP的"纹理集列表"中将会出现两个纹理集对象（即E1和E2）。根据原画分析得出，该翅膀呈透明状，纹理呈现类金属材质。我们可以针对不同的纹理集对象（E1和E2），分别制作不同的纹理集（金属材质和透明材质），叠加后来实现武器盾牌的原画效果。

（26）选择"白色金属"图层，点击右键"创建智能材质"，此时命名为"白色金属"材质球将会出现在展架下的"智能材质"一栏中。在"纹理集列表"中切换到E2，将7张贴图重新赋予纹理集对象E2，且将"白色金属"的智能材质拖动到E2的图层列表中，如图7-113，删去生成的"白色金属"的文件夹遮罩。

（27）调整E2中白色金属组的相关参数，使翅膀贴图更接近原画效果。在着色器设置中，设置名称为"E2"，并将材质替换成透明材质，如图7-114。为在纹理集设置中添加OP通道，并将"Shader Instance"改为"E2"，如图7-115。找到图层列表中的"白色金属"组，添加填充图层，在"属性—填

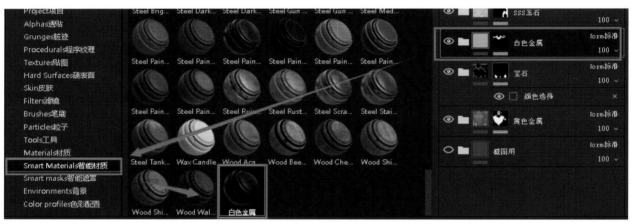

图7-113 创建智能材质

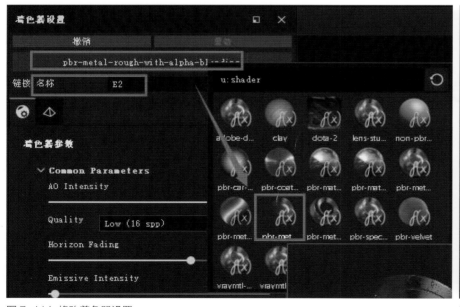

图7-114 修改着色器设置

图7-115 修改纹理集设置

充"中只保留图层的OP材质通道,调整Opacity值使翅膀呈现半透明效果,翅膀制作效果参考图7-116。

(28)结合上述步骤,整理完成武器盾牌所有结构的贴图制作,检查无误后,开始导出贴图。在菜单栏点击"文件—导出贴图",在弹出的"导出纹理"窗口中,勾选左侧列表的E1和E2,选择输出模板,点击"预设"中的"PBR Metallic Roughness"复制、粘贴得到"PBR Metallic Roughness copy",将其重命名为"PBR Metallic

图 7-116 翅膀贴图参考

Roughness_e1"。点击"输出贴图"一栏的"Gray"创建一个灰色通道,命名为"OP"。并在"输入贴图"一栏中找到"Opacity"拖入该通道,在弹出窗口选项选择"灰度通道"。再创建一个灰色通道,命名为"SSS",在右侧找到"Scattering"拖入该通道,同样选择"灰度通道",如图7-117。返回"设置",选择合适的输出目录,设置输出模板为"PBR Metallic Roughness_e1",设置"填充"为"膨胀+默认背景色",最后点击"导出"完成贴图输出。

(29)至此,就完成了武器盾牌次世代流程的全部制作。若需查看模型贴图效果,可在八猴中贴图查看:首先,打开八猴,导入武器盾牌低模,点击页面右上角

码9 贴图导出与渲染

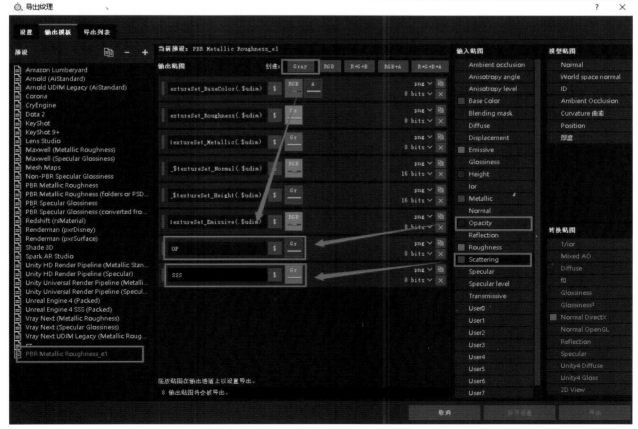

图 7-117 设置输出模板

的"＋"在材质球区域创建一个新的材质球"NewMat 01"，并将新的材质球赋予武器盾牌的低模组；其次，将导出的贴图一一对应贴入页面右侧贴图区域中，Surface贴入Normal图，Microsurface贴入Roughness图，Albedo贴入BaseColor图，Diffusion选择"Subsurface Scatter"通道并贴入SSS图，Reflectivity贴入Metallic图，Emissive选择"Emissive"通道并贴入Emissive图（图7-118）；然后，新建一个材质球来展示翅膀的透明效果，同样完成Surface、Microsurface、Albedo、Reflectivity的贴图导入，在Transparency选择"Dither"通道导入OP图（图7-119），导入完成后将材质球一并赋予低模的翅膀模型；最后，调整材质和环境参数，适当添加环境光，可得到最终模型展示效果。

本章小结

通过对次世代武器制作流程——狮子头盾牌制作流程的完整讲解，我们学习了将原画设计转化为次世代模型的制作方法，了解和掌握了次世代流程的基本步骤，即原画分析、模型制作、拓扑制作、UV拆分、烘焙贴图、制作材质多方面的知识。

练习与思考

1.简述次世代游戏美术的特点和制作思路。

2.分析次世代游戏美术的贴图类型及原理。

3.根据案例示范制作武器盾牌模型。

码 10 素材参考资料

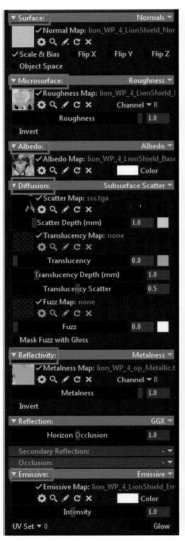

图 7-118 材质球 1

图 7-119 材质球 2（翅膀透明效果）